21世纪本科院校土木建筑类创新型应用人才培养规划教材

幼儿园建筑设计

主　编　龚兆先

副主编　赵　阳

参　编　鲍小莉　曾辉鹏

北京大学出版社
PEKING UNIVERSITY PRESS

内 容 简 介

近年来，幼儿的教育理念与方法获得发展和变革，幼儿园建筑设计的理念、方法和设计手法等，也在进行不断的探索、更新和实践，从而对幼儿园建筑设计的教学也提出新的要求。本书系统阐述了幼儿园建筑设计的基本原理，并为学生提供了必要的背景知识和较新的优秀案例。本书的主要内容包括：概述、幼儿园建筑设计前期基础、幼儿园建筑环境的整体构想、建筑空间布局与构形、建筑空间与环境详细设计和幼儿园建筑设计案例。本书采用了近年来国内外优秀幼儿园建筑设计实例进行评述，便于学生在设计过程中加以借鉴。

本书内容丰富、实例新颖、图文并茂、适用性强，可作为建筑学、城市规划、风景园林等相关专业建筑设计系列课程中幼儿园建筑设计课的教材和教学参考书，也可供从事相关建筑设计、城市规划设计和幼儿园管理及基建管理人员参考。

图书在版编目(CIP)数据

幼儿园建筑设计/龚兆先主编. —北京：北京大学出版社，2014.8
(21世纪本科院校土木建筑类创新型应用人才培养规划教材)
ISBN 978-7-301-24638-2

Ⅰ.①幼… Ⅱ.①龚… Ⅲ.①幼儿园—建筑设计—高等学校—教材 Ⅳ.①TU244.1

中国版本图书馆 CIP 数据核字(2014)第 185258 号

书　　　名：	幼儿园建筑设计
著作责任者：	龚兆先　主编
策 划 编 辑：	吴　迪　王红樱
责 任 编 辑：	王红樱　伍大维
标 准 书 号：	ISBN 978-7-301-24638-2/TU・0425
出 版 发 行：	北京大学出版社
地　　　址：	北京市海淀区成府路 205 号　100871
网　　　址：	http://www.pup.cn　新浪官方微博:@北京大学出版社
电 子 信 箱：	pup_6@163.com
电　　　话：	邮购部 62752015　发行部 62750672　编辑部 62750667　出版部 62754962
印 刷 者：	河北滦县鑫华书刊印刷厂
经 销 者：	新华书店
	787 毫米×1092 毫米　16 开本　18.25 印张　432 千字
	2014 年 8 月第 1 版　2023 年 6 月第 4 次印刷
定　　　价：	37.00 元

前　言

随着我国经济、社会和文化的不断发展，幼儿园也获得了较大的发展，既体现在幼儿保教模式和方式方法的探索和实践，也反映在幼儿园建筑的建设量增大和建筑环境品质的提高等方面，对幼儿园建筑也有新的需求产生。面对幼儿园及其建筑发展的新形势和新需求，建筑设计人员应更为全面地了解幼儿保教方面的探索和对幼儿园建筑方面的新的需求。而在高校建筑设计人才培养中，也需在相关教材等方面予以关注。

幼儿园建筑设计是建筑学等相关本科专业建筑设计系列课程中的重要设计课题，通常安排在二年级。二年级学生初学建筑设计，他们尚未充分认识和习惯建筑设计的合理过程。因此，采用与建筑设计由总体到局部、由粗略到详尽、由大关系到细节处理等过程特征相一致的顺序，编写教材的主要内容，将更利于学生分阶段理解和掌握，从而提高教材的实用性和易用性。本书文字简明易懂，讲解结合案例和图片。每节节末设有本节知识要点提醒，每章章末另设习题，以期学生不断巩固所学知识并在此基础上引发思考。

本书第 1 章和第 2 章由广州大学龚兆先编写；第 3 章由广州大学鲍小莉编写；第 4 章由广州大学赵阳编写；第 5 章由广州大学曾辉鹏编写；第 6 章由四位编者分别编写，其中第 1～5 节及第 21 节由赵阳编写，第 6 节及第 11～14 节由曾辉鹏编写，第 7～10 节由龚兆先编写，第 15～20 节由鲍小莉编写。本书由龚兆先对全书各章进行了统筹和修改，赵阳对全书各章进行了校阅。各章中的案例，多选自网络资源，同时还参考了相关的著作和教材。在此，谨向各相关网络资源的贡献者和著作、教材的作者表示衷心的感谢！最后，在此书完成之际，向北京大学出版社的王红樱编辑及出版社的其他领导和编辑致以诚挚的谢意，感谢他们为本书的出版所付出的辛苦劳动！感谢广州大学刘源为本书第 5 章提供初步编写框架和部分资料！

由于编者水平有限，编写时间仓促，书中难免存在疏漏和不当之处，恳请广大读者批评指正。

编　者
2014 年 3 月

目　　录

第**1**章
概　述

【教学目标】

主要讲述幼儿教育及幼儿园的发展历程及当代特征，幼儿园的保教任务与特点，幼儿园的类型、规模与构成等内容，旨在让学生了解并熟悉幼儿园是什么。通过本章学习，应达到以下教学目标：

（1）使学生基本了解幼儿园发展的历程，重点了解幼儿园发展的当代特征，引导学生结合设计任务进行初步思考。

（2）帮助学生掌握幼儿园保教的任务、内容、特点，引起学生思考其与幼儿园建筑的关系；熟悉幼儿园建筑的分类与规模。

（3）帮助学生掌握幼儿园的人员构成和空间构成的内容和关系。

【教学要求】

知识要点	能力要求	相关知识
幼儿园的发展及其趋势	（1）了解幼儿园的发展历程 （2）深刻领会当代幼儿园特征	（1）幼儿园的基本概念 （2）幼儿园的发展历程 （3）当代幼儿园的特征
幼儿园保教的任务和特点	（1）熟悉幼儿园保教的任务和内容 （2）掌握幼儿园保教的特点	（1）保教的任务构成 （2）保教的任务内容 （3）保教的任务特点
幼儿园的分类、规模与人员组织	（1）了解幼儿园的种类 （2）了解幼儿园的人员组织	（1）幼儿园的分类方法 （2）幼儿园的人员组织
幼儿园的空间构成及其功能	（1）熟悉幼儿园的空间与环境构成 （2）掌握幼儿园各构成空间与环境及其相互之间的关系	（1）幼儿园空间与环境构成内容 （2）幼儿园空间与环境的构成关系

 基本概念

幼儿、幼儿园、保教、幼儿园类型、幼儿园规模、幼儿园空间构成。

 引例

幼儿园建筑是区别于小住宅等其他类型的小型公共建筑，具有一些特殊的设计要求。这些要求来源于幼儿的生理、心理、行为特点以及相应的保育需要。在开始进行幼儿园建筑设计之前，首先需要了解：幼儿园是什么？幼儿教育和幼儿园的发展经历了一个什么样的过程？当代幼儿园的发展趋势如何？幼儿园建筑与之前设计过的小住宅等类型有何不同？以便为后续进行的设计构思、具体设计，提供构思的起点和知识积累，从而使设计方案既符合幼儿园的基本使用要求，又具有当代的时代特征。

如拟在中国某南方住宅区内新建一座较高标准的全日制 9 班幼儿园，要求充分满足幼儿园的功能，空间宽敞，环境优雅。作为设计者，请你归纳总结一下开始幼儿园建筑设计之前，你必须掌握的基本知识有哪些？并且思考：中国幼儿教育是一种什么样的模式？幼儿园建筑环境的适应性如何？如何让建筑的空间环境更加符合幼儿教育特点？住宅区内的 9 班规模幼儿园的空间和环境设施应该由哪些构成？从哪些角度考虑会更好地满足当代幼儿园的一些新的、更高的要求？

1.1 幼儿园的发展历程及当代需关注的问题

1.1.1 幼儿及幼儿园的基本概念

1. 幼儿

按照年龄，学龄前儿童可分为新生儿期（至出生后足 28 天）、婴儿期（出生后 28 天到一周岁，又称乳儿期）、幼儿期（1 周岁到满 3 周岁）和学龄前期（3 周岁后到入小学前 6～7 岁），但通常 3～6(7) 岁年龄段的幼儿园适龄儿童也被统称为幼儿（以下简称"幼儿"）。

2. 幼儿园

幼儿园（幼稚园，Kindergarten），是供 3～6 岁幼儿学习、生活、娱乐使用的场所，是根据幼儿生理、心理发展的客观规律及其年龄特征，对幼儿进行体、智、德、美诸方面全面发展的教育，促进其身心和谐发展的保育和教育机构。幼儿园一般为三年制。

不同的国家、不同的幼儿园发展阶段，幼儿园的概念存在差异，其作用也有所区别，但都具有承担保育和教育双重任务的属性。作为一种保育机构，幼儿园对幼儿的日常生活行为提供辅助，但区别于托儿所；而作为一种教育机构，幼儿园教育是基础教育的重要组成部分，是学校教育制度的基础阶段，但区别于小学。

1.1.2 幼儿教育与幼儿园的发展历程

幼儿园的发展与人们对幼儿教育的认识变化密切相关，中、外幼儿教育理论的发展影响着幼儿园的发展历程。

1. 中国幼儿教育及幼儿园的发展历程

中国自先秦开始就有著述涉及幼儿教育。至清朝，中国古代幼儿教育经历了从发生、发展到成型的过程。1891 年，康有为在《大同书》中提出了政府对儿童实行公教公养的思想，并设想了一套完整的教育体系，其中也包括幼儿教育体系；1902 年，罗振玉在《学制私议》中认为，"将来必立幼稚园，以三岁至五岁为保育年限"；1904 年《奏定学堂章程》规定设蒙养院，收 3～7 岁幼儿，1922 年定名为幼稚园；1923 年，我国著名儿童教育家陈鹤琴提出适应中国国情等共十五条幼稚园的教育信条，反对死教育，提倡"活教育"，提出幼儿园课程理论，重视幼儿园与家庭的合作，创立了我国最早的幼儿教育实验中心——南京鼓楼幼稚园；1927年，陶行知提出"教学做合一"，即"做是学的中心，也就是教的中心"，在南京创立燕子矶幼稚园；1929年南京国民政府教育部公布了《暂行幼稚园课程标准》；南京国民政府后期，幼稚园事业经历了一个由惨遭破坏到缓慢恢复和逐步发展的过程。

新中国成立之后，中国借鉴苏联幼儿教育经验，强调幼儿教育在儿童成长中起主导作用，强调系统的知识传授对儿童身心发展的重要性，以教师、教学、课堂为重点，建立了一种以教师为主导的、分科形式的幼儿园教学，儿童的主体性再一次被淹没，这种思想在中国产生了较大和长期的影响。1981年，教育部颁布的《幼儿园教育纲要》（试行草案）将"作业"改为"上课"，这在一定程度上模糊了幼儿园教学与中小学教学的区别，使幼儿园教学实践在客观上变成了小学的上课，幼儿园教学几乎脱离了儿童的现实生活。

20世纪80年代以后，我国幼儿教育领域的改革蓬勃兴起，也颇见成效。1989年9月国家教委发布《幼儿园管理条例》，对幼儿园基本条件和审批等政府管理层面问题进行规定。1992年，我国参照世界儿童问题首脑会议提出的全球目标和《儿童权利公约》，从中国国情出发，发布了《九十年代儿童发展规划纲要》（NPA）。这是我国第一部以儿童为主体、促进儿童发展的国家行动计划。1996年3月国家教委发布《幼儿园工作规程》，对幼儿园的管理、教育、设施设备等与幼儿在园生活有关的各个方面进行规定。

2001年5月国务院发布《中国儿童发展纲要（2001—2010）》，根据我国儿童发展的实际情况，以促进儿童发展为主题，以提高儿童身心素质为重点，以培养和造就21世纪社会主义现代化建设人才为目标，从儿童与健康、儿童与教育、儿童与法律保护、儿童与环境4个领域，提出了2001—2010年的目标和策略措施。该新纲要的颁布与实施，对幼儿教学的发展和改革起了重大的推动作用。人们的教育观、儿童观也随时代的发展而转变，儿童主体观被越来越多的人认识和接纳，对我国幼儿园的正确发展，也起到了重要的导向作用。

2. 国外幼儿教育及幼儿园的发展概况

国外幼儿教育自公元前就有相关论著涉及，幼儿教育思想理念学派纷呈，并反映到相关的幼儿园教育实践和探索之中。

柏拉图（Plato，公元前427—前347年）在其著作《理想国》中提出，要重视学前儿童的教育，对0～3岁儿童进行影响性的教育，对3～6岁儿童进行德、智、体、美和谐发展教育，并指出故事、音乐、游戏在幼儿教育中的重要性和寓教于乐、慎重选择教材等问题。他十分重视游戏在儿童教育中的地位，强调儿童的心灵教育应与体育教育相结合。柏拉图的幼儿教育思想在西方教育史上具有开创性意义。

亚里士多德（Aristotle，公元前384—前322年）提出教育年龄分期说，注重儿童道德习惯培养等，反对幼儿5岁前进行课业学习或劳作。他的理论对西方幼儿教育理论与实践的发展产生了重要的影响。

17世纪捷克教育实践家和理论家夸美纽斯（John Amos Comenius，1592—1670年）对于0～6岁儿童的教育进行了专门研究，提出"教育要适应自然"，坚决反对父母和成人溺爱和放纵孩子。认为在初步智力教育上，最有效的方法是让幼儿通过自己的感官去认识外部世界。

卢梭(Jean-Jacques Rousseau，1712—1778年)强调，教育要适应儿童天性的发展。他根据教育者年龄特征提出教育年龄分期，论述了幼儿教育的原则与方法，确立了儿童本位的新儿童观和方法论。他的教育思想对世界各国的教育(包括幼儿教育)产生了很大影响，是幼儿教育心理学萌芽期的代表人物之一。

1769年，法国慈善家、教育家奥伯尔林(Johann Friedrich Oberlin，1740—1826年)基于游戏和儿童兴趣，创办了欧洲第一所幼儿学校，旨在使它成为一种对那些无人照料的入学前儿童进行必要的照管，并通过教授简单的文化知识和训练动手能力等教育形式，形成良好习惯的机构。幼儿学校里对幼儿的教育是与游戏结合起来的，所有学习完全像一种游戏，是一种连续不断的娱乐活动。从某种意义上，这种幼儿教育学校实际上是一种儿童日托机构。

19世纪英国空想社会主义者、教育家欧文(Robert Owen，1771—1858年)，在1802年创办的"纽兰纳克幼儿学校(Infant School)"是英国第一所幼儿学校，也是近代英国幼儿教育的起点。其影响颇广，持续了近30年，并波及欧美各国。他认为教育的目的是培养人的人格，他强调儿童早期教育的重要性，提倡儿童德、智、体、美、劳全面发展。

德国幼儿教育家福禄培尔(Friedrich Wilhelm August Fröbel，1782—1852年)强调幼儿期的重要，确立了游戏是幼儿园教育活动的基本形式，强调游戏与作业在幼儿园教育中的重要地位和作用。他把幼儿活动的场所比作花园，把幼儿比作花草树木，把幼儿教师比作园丁，把幼儿的发展比作培植花草树木的过程，并用Kindergarten这个意为儿童乐园的词，来命名自己创办的幼儿教育机构。这个名称经1840年6月28日公布于世之后一直沿用至今。

爱伦·凯(Ellen Key，1849—1926年)认为，对于幼儿生理和心理发展的观察是十分必要的，应该培养儿童的独立精神，允许儿童有自己的意志，想他自己的思想，获得他自己的知识，形成他自己的判断，让儿童随他的本性去发展；她提出应该准备充分的工具和材料让孩子们自造玩具。

美国哲学家、教育家杜威(John Dewey，1859—1952年)是实用主义教育理论的创始人，他的教育理论对许多国家的幼儿教育和学校教育产生了巨大而深刻的影响。他认为，儿童是具有独特生理和心理结构的人，儿童的能力、兴趣和习惯都建立在原始本能之上，儿童心理活动实质上是其本能发展的过程。他强调，儿童身上潜藏着4种本能，包括语言和社交的本能、制作的本能、研究和探索的本能、艺术的本能，其中制作的本能最重要。儿童的主要任务是生长，养成不定型的各种习惯，为他以后生活的特定目标提供基础材料。天生的好奇心能使儿童利用环境养成某种习惯，形成某种倾向。

蒙台梭利(Maria Montessori，1870—1952年)是意大利幼儿教育家，她创办了举世闻名的"儿童之家"而被称为"幼儿园改革家"。她的幼儿教育理论著作及开设的国际训练班，对现代幼儿教育的改革和发展产生了深刻的影响。她的主要教育理论是：幼儿自我学习的原则、重视教育环境的作用、明确教师的作用、幼儿的自由和作业的组织相结合的原则、重视感觉教育。她认为儿童发展的时期是人的一生中最重要的时期。幼儿处于不断生长和发展变化过程，而且主要是内部的自然发展，包括生理和心理两方面的发展，应该注意幼儿的心理发展和生理发展之间的密切关系。她还认为，幼儿的心理发展中会出现多个"敏感期"，包括：秩序敏感期、细节敏感期、行走敏感期、手的敏感期、语言敏感期。对幼儿的教育要重视儿童内在生理、心理的需求和儿童个性发展。她强调指出，虽然幼儿心理的发展是受其内在本能所引导的，但外部环境为幼儿心理的发展提供了媒介，对于幼儿生理和心理的正常发展来说，准备一个适宜的环境是十分重要的。她对幼儿教育提出了肌肉练习、感官练习、实际生活练习和初步知识教育四个方面的教育内容。

瑞士儿童心理学家、教育家皮亚杰(Jean Paul Piaget，1896—1980 年)，提出了儿童心理发展过程理论。他认为，儿童从诞生起，心理就与生理一样在不断发展，从较低的平衡状态走向较高的平衡状态。这种发展过程又可分为四期，各具特点。他的儿童心理发展过程理论，系统地论述了儿童心理发展的一般模式，提出环境对儿童心理的成长起决定性作用，并研究环境对儿童心理成长过程的影响机制。皮亚杰的理论至 20 世纪 50 年代已完全成熟并风行世界，成为儿童心理研究领域的基本观点。

1.1.3 当代各国幼儿园教育特点

不同国家因国情和幼儿教育理念等因素，其幼儿教育及幼儿园的运行模式等不尽相同。以下就东西方主要国家的特点进行简要介绍，以供借鉴。

1. 中国

中国的幼儿园教育作为基础教育的一部分纳入国家教育计划，并通过国家的《幼儿园管理条例》、《幼儿园工作规程》及《幼儿园教育纲要》的政策性文件，对幼儿园教育进行规范管理。

中国的幼儿园教育大多采用按年龄组分班的方式，注重幼儿在体、智、德、美几方面的全面发展，总体上呈现比较关注幼儿的共性教育，但对幼儿的个性发展及其教育影响相对较少关注。体现在教育方式上，比较注重集体性的课程和活动，看重教师说教的作用。近年来开始重视环境创设的作用，加强教育环境对幼儿身心发展的积极引导。

2. 美国

美国国会 1979 年通过了《儿童保育法》，1990 年通过了《儿童早期教育法》和《儿童保育和发展固定拨款法》。2001 年总统正式签署了《不让一个儿童落后法(No Child Left Behind Act)》。

美国幼儿教育有以下特点：①制定简单并尊重孩子的规则，在课堂上更关注孩子的专注度，而不是让孩子始终保持一种姿势，因为孩子身体发展特点决定了他们不可能长时间保持一种姿势；②把规则教育渗透在环境中，这样一方面可以减少说教，增强环境的熏陶功能；另一方面可以使规则外显，便于孩子学习，促使孩子掌握社会规范，逐步适应社会。

3. 德国

德国的幼儿园未纳入国家教育计划，大多由地方政府、教会、企业、社会团体或私人开办，实行收费制，招收 3～5 岁儿童。德国的幼儿园有一个非常鲜明的特点，那就是实行混龄编班，将不同年龄组的儿童编在一个班级（称为 Group）中游戏、生活和学习，每班至多不超过 20 人。这种混龄编班方式在德国全国范围内所有幼儿园中实施。

德国大部分的幼儿园只提供半天班。如果父母是双职工，才将孩子送入全日制幼儿园。德国的幼儿园把以儿童为本位的教育理念作为出发点，根据孩子直线思维、重复思维的特点，采用情境教学，园内以角落主题布置为主，便于孩子通过情境更好地认识大自然、接触事物。同时，还特别注重幼儿的社会行为能力的发展，如孩子独立思考的能力、人际交往的能力、互助合作的能力等。

4. 英国

英国实行全民义务教育体制，从幼儿园到大学全部免费。1998 年，推行"确保开端计划（Sure Start）"；2000 年 9 月起在全英国实施《英国基础阶段教育（3～5 岁）课程指南》。该课程指南体现了关注幼儿自身的存在、自身发展价值的思想，体现了"了解幼儿进步"、"幼儿是否存在特殊困难"、"必须不断检测每名幼儿的发展"的观念。

英国的幼儿园教育有以下特点：①不统一编班形式。有的是按年龄编班，有的是采用混合年龄编班，儿童数量的多少是决定编班形式的重要因素。②游戏是幼儿园最主要的教育活动，包括幼儿自发游戏和教师组织游戏。由教师组织的游戏活动，幼儿有自由参与或不参与的权利，游戏的方法也由幼儿自行选择与决定。同时，幼儿园为幼儿提供的游戏材料也极其丰富，幼儿可以自由选择，进行角色表演等。③重视多元文化的教育。尊重来自不同国家、种族、民族的文化传统，发展多元文化课程。④尊重家长的教育知情权。家长有权利了解幼儿园的教育质量，了解孩子每天在园的活动情况。⑤不同的年龄班的教育任务和内容有所差异。随着儿童年龄的增长，教育任务和内容越来越复杂。

5. 日本

日本的幼儿教育有多元化的办园模式和多样化的学制类型。日本的幼儿园分为国立、县（市）立和私立三种。幼儿园招收 3 岁至上小学前的孩子，幼儿在园时间每年约为 220 天，每天 4h。各幼儿教育机构也会根据自己的情况灵活地安排半日制、全日制、钟点制、寄宿制等，以满足家长的不同需求。日本把幼儿园教师誉为人生的第一个良师益友，重视幼儿园教师队伍的高素质；日本培养孩子独立、守规矩但又富有冒险精神，但并不溺爱孩子。幼儿园的男教师参与教育教学，对幼儿的心理健康发展有着不可估量的作用。

1.1.4 当代中国幼儿园建设需关注的需求

中国幼儿园的发展，是随着我国不断增长的幼儿入园需求和幼儿园教育理念和方法的变化而发展的。在其发展过程中，也在不断借鉴国外幼儿园的经验。当前，我国幼儿园的建设发展，在借鉴国外幼儿园发展相关经验并结合我国国情之外，还需关注以下几个方面的需求。

1. 幼儿园建设用地规模及场地布局满足需要

我国幼儿园的用地条件相对于幼儿园班级和人数规模而言，普遍存在用地规模不足、用地条件不能很好地满足幼儿园使用要求的问题，特别是有些改扩建的幼儿园更是如此。因此，除了在用地面积指标、用地形态等方面通过相关政策和城市规划予以关注并适当增加之外，还需同时借助幼儿园建设场地内建筑与室外环境的更加紧凑、合理的布局，在一定程度上对用地规模不足问题予以缓解或解决。

2. 幼儿园空间环境建设，支持对幼儿教育模式的改革探索

当前我国的幼儿园保教正处于不断探索阶段，新的保教模式，如混合编班，开始进行实践。对此，传统的完全一致的固定班级单元模式的空间形态，并不一定能很好地符合类似探索的空间需求，从而对幼儿园建筑空间组合提出了新的要求。因此，需要在幼儿园建筑设计时，结合特定幼儿园相关实践探索的需求，对此进行针对性的空间安排和设计；另一方面，在幼儿园环境的创设中，当前开始注重幼儿参与性环境的创设。有研究呼吁重视不平衡环境创设，对此探索也应在幼儿园建筑环境的设计时，提供空间环境方面的支持。

3. 重视幼儿身心特点，精心设计幼儿园建筑空间环境

当前我国的幼儿园建设水平较之前已有很大的提高，也出现了一些优秀的设计。但从整体上而言，还是较为普遍地存在考虑不够周全和建筑不够精致等问题。如缺乏幼儿交往空间、室外环境设计粗糙、一些幼儿园的建筑形象不佳等。其原因源自建筑师对幼儿生理、心理及行为特征不甚了解，或建筑设计水平和设计深度欠缺，造成建筑设计中对细节重视不足、设计考虑不周。对此，应从基地规划、建筑设计、室内外环境设计等方面，都更好地掌握幼儿的生理、心理、行为及幼儿教育的特点和需求，并通过细致入微的设计过程，力求在最大程度上予以满足；应在追求创意、趣味的同时进行设计，保证足够的设计深度，最大限度地保证幼儿园空间环境对于幼儿的适宜性。

4. 及时满足幼儿园场地设施的新增需求

当前，我国幼儿园较为普遍地存在用地不足问题，新的场地和建筑功能也时有出现，提出了一些新的场地和建筑空间需求，如，较为突出的是家长接送幼儿的私家车的停车位缺失或不足问题。对此，在幼儿园建设策划时，既要考虑适当增加用地面积，同时也须考虑此类新的场地空间的需求问题。即使在设计任务中未安排此类用途的停车位时，也应在具体场地设计时进行挖潜，想方设法设置足够的停车位。

本节知识要点提醒

通过本节学习，我们需要注意，当代建筑师的首要任务不是通过构建全新的建筑空间环境来要求幼儿园保育和教育来适应，而是应该基于当代我国幼儿园保教的模式和要求，并考虑适当、可行的保教模式和方式的改进可能，在建筑空间环境方面提供保障。这也正是我们在开始着手幼儿园建筑设计之前，需要了解国内外幼儿园教育的发展历程及当代特征的理由。为此，除了了解幼儿园的概念、发展历程之外，重点了解幼儿园与幼儿教育发展的相互关系以及当代中国幼儿园发展所需关注的几个问题。

1.2 幼儿园保教的任务、内容与特点

1.2.1 幼儿园保教的任务与目标

1. 幼儿园保教的任务

1996 年国家教育委员会颁布实施《幼儿园工作规程》规定幼儿园的任务是：实行保育与教育相结合原则，对幼儿实施体、智、德、美诸方面发展的教育，促进其身心和谐发展。同时为家长参加工作、学习提供便利条件。

我国幼儿园既是一个教育机构，同时也是一个社会服务机构，承担教育与保育的"双重任务"。幼儿园办园水平，主要体现在这种"双重任务"的完成情况。

作为教育机构，幼儿园是学制教育的基础阶段，与其他各级各类学校一样，承担对幼儿进行学前教育的任务，促进幼儿在体、智、德、美诸方面得到全面发展，为社会发展培养接班人；而作为社会服务机构，幼儿园担负着其它学校机构所没有的、对幼儿进行保育的特殊任务，为家长提供育儿服务。

由于 3～6 岁幼儿的身心发展特点，对幼儿园所承担的双重任务，必须坚持"保教合一"原则。随着幼儿年龄增大，侧重点可逐步由保育转向教育，从而与后续的小学教育良好衔接。

2. 幼儿园保教的目标

我国幼儿园保育和教育任务的主要目标如下。

（1）促进幼儿身体正常发育和机能的协调发展，增强体质，培养良好的生活习惯、卫生习惯和参加体育活动的兴趣。

（2）发展幼儿智力，培养正确运用感官和运用语言交往的基本能力，增进对环境的认识，培养有益的兴趣和求知欲望，培养初步的动手能力。

（3）萌发幼儿爱家乡、爱祖国、爱集体、爱劳动、爱科学的情感，培养诚实、自信、好问、友爱、勇敢、爱护公物、克服困难、讲礼貌、守纪律等良好的品德行为和习惯，以及活泼开朗的性格。

（4）培养幼儿初步感受美和表现美的情趣和能力。

1.2.2 幼儿园保教的内容

幼儿园保育和教育的内容，是由幼儿园的双重任务和目标确定的。总体而言，要遵循幼儿身心发展规律，创造多种多样的活动条件，促进幼儿在体、智、德、美等诸方面健康、活泼地成长。保教内容包括智力以及潜力发展、独立能力以及创造能力的培养、情感教育、社会教育、残障儿童的早期干预等方面。

具体内容主要包括以下几个方面。

（1）保证幼儿必需的营养，做好卫生保健工作，培养幼儿良好的生活卫生习惯和独立生活的能力，促进幼儿身体正常发育和机能的协调发展。

（2）培养幼儿对体育活动的兴趣，提高机体的功能，增强体质，以保护和促进幼儿的健康，并在体育活动中，培养幼儿坚强、勇敢、不怕困难的意志品质和主动、乐观、合作的态度。

（3）发展幼儿正确运用感官和语言进行交往的基本能力，培养和提高幼儿的注意力、观察力、记忆力、思维力、想象力及语言的表达能力。

（4）提高幼儿对学习的兴趣，培养幼儿的求知欲望和养成良好的学习习惯。

（5）向幼儿初步进行爱祖国、爱人民、爱劳动、爱科学、爱护公共财物的"五爱"教育。

（6）培养幼儿团结、友爱、诚实、勇敢、不怕困难、讲礼貌、守纪律等优良品德文明行为和活泼开朗的性格。

（7）教授幼儿音乐、舞蹈、美术、文学等方面的粗浅知识和技能，培养幼儿对它们的兴趣，初步萌发他们对生活、自然、文学、艺术中美的感受力、表现力和创造力。

（8）培养幼儿的独立性、创造力、自信心和不断探索的精神，从而促进幼儿良好个性的形成和充分发展，提高幼儿的审美能力和艺术表现、创造能力。

1.2.3 幼儿园保教的方式

我国幼儿园通常采取分班保教方式。

幼儿班级一般按照幼儿的年龄划分为小班、中班和大班。其中：小班为3～4岁幼儿，每班20～25人；中班为4～5岁幼儿，每班25～30人；大班为5～6岁幼儿，每班31～35人。必要时，可不分年龄混合编班。

幼儿班级的保教活动，主要包括早操、作业、游戏、户外活动、午餐、午休等内容。这些活动通常按照作息表进行。因小班幼儿的体力、生活自理能力较低等因素，小班的作息安排不同于中班和大班（图1.1）。

(a) 幼儿园小班儿童作息表

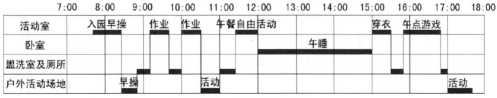

(b) 幼儿园中、大班儿童作息表

图 1.1 幼儿园作息时间表

幼儿园的保教活动主要在本班专用的活动室、寝室或室外活动场地进行。但当需要使用全园公用游戏设施、植物园等时，需要离开本班专用区域进行活动。

1.2.4 幼儿园保教的特点

从幼儿园所承担的保育与教育这种"双重任务"可以看出，幼儿园既不同于托儿所单纯的保育机构，也区别于小学开始的纯粹教育教学机构，从而使之具有"保教兼备、保教合一"的总体特点，分别与托儿所和小学之间形成明显的差异。

1. 幼儿园保育特点

幼儿园保教的幼儿年龄为 3～6 岁，已经具有基本的自主行动能力和日常生活能力。因此，幼儿园的保育工作除了环境与食物卫生、安全等方面由幼儿园园方及教师保证之外，其他的吃饭、就寝、洗漱等各种日常生活行为，主要是在教师的引导和协助下，由幼儿自主完成的，以期逐步形成幼儿日常生活自理能力的基础。这一点明显区别于托儿所完全由保育员照看、代理完成的方式。

2. 幼儿园教育特点

在前述幼儿园保教的目标中可以发现，幼儿园教育的目的主要在于使幼儿能在入读小学前获得足够丰富的感性经验与足够的能力，来适应将来的正规学校教育。幼儿园教育主要表现出教育内容上的广泛性与非学术性、教育形式上的非正式性、教育方法手段上的多样性、教育目标的潜在性、幼儿主体性等几个特点。

1）教育内容的广泛性与非学术性

在教育内容上，幼儿园教给孩子有关领域的粗浅、但相当广泛的知识和技能，来发展相应的能力。幼儿园幼儿需要了解的知识，几乎涉及生活中自然与社会的各个方面，几乎包罗万象：上至天文、下至地理；近至家庭、幼儿园，远至边疆、异域；小至蝌蚪、砂粒，大至狮虎、高山海洋。幼儿园幼儿需要养成的能力，主要是一些基本的生活和"做人"所需要的基本态度和能力，如卫生习惯、生活自理能力、交往能力等；同时，幼儿园教育不是学术性的，它的教育内容的编排，大致追随幼儿积累知识经验的顺序，而不是严格地按照学科知识的内在逻辑进行的，明显有别于中、小学等学校教育正规的、科学的学术性教育内容。

2）教育形式的非正式性

有别于中小学教育以课堂教学为主的教育形式，幼儿园采用的是寓教育于幼儿的日常生活的形式。一天的活动安排是根据幼儿各项日常生活活动的管理，每天只安排极短的时间用于专门的教学上课，而将大量的教育活动，分散于幼儿日常的吃、喝、拉、撒、睡、玩等各项生活活动之中。即便是上课，也总以幼儿喜爱的各种游戏形式来传授知识、训练能力。生活化和游戏化是幼儿园教育形式的非正式性的重要表现。

3）教育方法手段的多样性

幼儿园教育除了少量由教师精心设计的课程采用集体上课这种教育教学方法手段之外，更多的是采用以下多种教育教学方法和手段。

（1）环境教育。利用看似随意、实际上体现了教师刻意与匠心的室内环境和建筑师精心设计的建筑与室外环境，给予幼儿以美的陶冶，激发他们探究、认知的欲望。

（2）情感教育。教师以自己对生活的热望和对孩子的爱心与包容，建构适合不同个性幼儿成长所需的温馨和谐的心理氛围，让幼儿拥有童年的快乐和对社会的亲切美好的积极情感。

（3）随机教育。在幼儿园内大量存在的师生互动以及时有发生的幼儿与其他员工之间的互动中，教师和员工都可随时、随地教育和影响幼儿；他们或随时关注幼儿的行为表现并给予及时的表扬或纠正，或以自身的行为为幼儿提供学习、模仿的榜样，使幼儿在看似无形也无意，但无时无处不在的教育中，形成良好的行为习惯和个性品质。

（4）自我教育和同伴影响。因为幼儿园教育的非正式性，使得幼儿在园期间有大量的自由活动时间和任意与同伴交往的时间。在这段时间里，幼儿在选择活动内容、活动方式、活动伙伴等方面具有很大的自主性，使其拥有比其他教育阶段的儿童更多的自我教育和接受同伴影响的机会，并在教师和家长不甚了解的情况下获得许多知识经验；也可能在这一阶段开始逐步获得自我学习、自我教育的方法，以及与同伴交往的技巧并形成最初的童年友谊等。

4）教育目标的潜在性

从本质上讲，幼儿园教育是有目的、有计划的教育过程，但由于幼儿身心发展和学习的特点，使得幼儿园教育教学主要是体现在生活、游戏和其他幼儿喜闻乐见的活动形式中。虽然怎样支持幼儿的探索学习和健康成长，是有目的的和精心设计的，但这些目的和设计仅仅存在于教师的意识和行动中，幼儿并不能清楚地认识到。幼儿感受到的更多的是环境、活动、材料和教师的行为，而不是教育者的教育目的和期望。因此，幼儿园教育是蕴含在环境、材料、活动和教师的行为中，潜移默化地对幼儿发挥作用，教育目标具有潜在性。

5）幼儿的主体性

幼儿园的教育教学活动的设计和组织，应在对幼儿教学过程中及其自身发展过程中主体性地位给予足够的认识的基础上，充分考虑幼儿的主体性。幼儿园的教育活动，是教师以多种形式有目的、有计划地引导幼儿生动、活泼、主动活动的教育过程。要促进幼儿园教学的主体化，就要在了解幼儿期儿童主体性发展特点的基础上，不断培养幼儿的主体性。

 本节知识要点提醒

我国幼儿园承担保育与教育的"双重任务"，是学制教育的基础阶段，承担对幼儿进行学前教育的任务，同时担负其他学校机构所没有的保育任务。必须坚持"保教合一"的原则，并随着幼儿年龄增大，侧重点逐步由保育转向教育，从而与后续的小学教育良好衔接。当前我国幼儿园采取分班保教方式。

幼儿园的保育工作以保育员协助幼儿为主，以期逐步形成幼儿日常生活自理能力基础，明显区别于托儿所完全由保育员照看、代理完成的方式；幼儿园教育的特点主要表现教育内容的广泛性与非学术性、教育形式上的非正式性、教育方法手段上的多样性、教育目标的潜在性等特点。

1.3 幼儿园的类型与规模

1.3.1 幼儿园的类型

幼儿园的类型可根据幼儿在园时间方式、幼儿园的建筑方式、幼儿园的规模和办学方式等进行划分。对于幼儿园建筑设计，需关注的主要是前三种划分类型的方法。

1. 按幼儿在园时段方式分

按幼儿在园时段方式，幼儿园可分为全日制、半日制、定时制、季节制和寄宿制等不同类型。这些类型可根据需要和条件分别设置，也可混合设置。在上述各种类型中，最为常见的是全日制幼儿园。

1）全日制幼儿园

全日制幼儿园或称日托幼儿园，是指幼儿白天在幼儿园内生活 8～10h，由家长早送、晚接的幼儿园。这种类型幼儿园的特点是建筑面积和设备都较经济，管理简便，人员编制相对较少；因幼儿每天可见到父母及亲属，受到他们的关爱，并可随父母及亲属的社会活动有更多机会接触社会，因而有益于增加父母与子女之间的感情，幼儿接触面广泛，有利于幼儿开阔视野和提高智力，对幼儿的发展是十分有利的；父母与园方及教师的沟通与交流的机会较多，有助于家长和幼儿园双方及时了解幼儿成长情况。这种类型是目前我国幼儿园机构的主要类型。

2）寄宿制幼儿园

寄宿制幼儿园或称全托幼儿园，是指幼儿昼夜都生活在幼儿园内，每隔半周、一周及节假日由家长接回家团聚。这种幼儿园在建筑面积、设备和管理上相对于全日制幼儿园偏大、偏难。同时，幼儿与父母及亲属的情感交流和接触社会的机会相对较少，如果缺少其他方面的有效措施，可能导致幼儿性格孤僻、对问题反应迟钝等问题。目前，专门的寄宿制幼儿园数量很少，有些是以在全日制幼儿园中设置若干寄宿制幼儿班的方式存在的。

其他的半日制、定时制、季节制幼儿园，主要是在特殊需求或条件情况下采用的，对建筑设计有相应的特别要求，在此不作阐述。

2. 按建设方式分

按幼儿园建设方式，则可分为独立地段新建幼儿园、已有建筑附属新建幼儿园及已有建筑改建幼儿园 3 种类型。

1）独立地段新建幼儿园

该类幼儿园是指在独立的专用建设场地，全新建设的幼儿园。由于建设场地是独立的，所以不易受到外来干扰，便于管理；因采用全新建设方式，不受现有建筑条件的制约，有利于统筹安排、合理布局建筑功能区以及室外交通、活动场地和种植园地。该类型是一般新建幼儿园的主要形式。

2）已有建筑附属新建幼儿园

该类幼儿园是指依托已有建筑和建设场地兴建的幼儿园。由于建设场地不是独立的，通常场地面积也相对有限，因此场地内的室外空间利用、交通组织等方面受到一定制约；同时，部分幼儿园的功能用房，有时还需利用已有建筑的部分空间。因此，该类幼儿园只适于一些规模较小（3 个班以下）的幼儿园。

3）已有建筑改建幼儿园

该类幼儿园是指利用已有建筑、通过适当改建而成的幼儿园。该类型幼儿园主要是在旧城区人口密度较高、用地紧张，或资金不足，或出于对有价值传统建筑的活化利用考虑时，常采用的一种建设类型。以该方式建设的幼儿园，主要是在已有建筑的内部空间及外表皮进行改造以适应幼儿园的使用功能，室外场地通常也只能进行局部和少量的改造利用；该建设类型受约束条件较多，一般是作为特殊条件下的小型幼儿园的建设方式。

3. 按办学规模分

按照幼儿园的办学规模（包括托、幼合建的），可以分为大型幼儿园（10～12 个班）、中型幼儿园（6～9 个班）和小型幼儿园（5 个班以下）三类。通常完全建制的情况下，幼儿园的总班级数为 3 的倍数。

此外，幼儿园的类型还可以按照办学方式和教学特色等进行划分。如根据办学渠道及管理机构的不同，可划分为基金会幼儿园、政府办幼儿园、机关幼儿园、企事业单位办幼儿园、团体或个人办的私立幼儿园等类型；按教学特色不同，可划分为普通幼儿园、专门化幼儿园（近年来兴起的一种新型幼儿园，以发挥幼儿的某一方面特长为主进行教育教学，如美术幼儿园、音乐幼儿园、双语幼儿园等）；按照幼儿生理健康特点，可以分为一般幼儿园、残疾儿童幼儿园和特殊儿童幼儿园。

上述按办学方式划分的类型，主要涉及经费来源或上级管理机构等因素，反映在经营方面的差异，对幼儿园建筑设计并无关系，在此不再赘述。但对于按教学特色划分的专门化幼儿园以及残疾或特殊儿童幼儿园，则应予以充分关注，并思考如何通过建筑设计适应并强化特色教学或更好地服务残疾和特殊儿童问题。

1.3.2　幼儿园的规模

1. 幼儿园规模的表示方式

幼儿园的规模一般是以幼儿总人数规模来反映的。由于幼儿园按编班方式进行保教，所以，常用总班级数来表示一座幼儿园的规模。

按照总班级数表示的幼儿园规模，可以分为 3 种，包括大型幼儿园（10 个班以上）、中型幼儿园（6～9 个班）和小型幼儿园（5 个班以下）。

我国幼儿园实行三年的学制，全建制幼儿园的班级规模一般都是 3 的倍数，即 3、6、9、12 班。由于我国规定幼儿园的总规模一般不超过 360 人（教育部 2013 年征求意见稿），所以幼儿园的班级规模，一般不超过 12 班。

2.幼儿园规模的选择

幼儿园的规模,以利于幼儿身心健康、便于管理、满足周边居民需要为原则,兼顾幼儿园设施利用率、建设周期、地段布局、服务半径、疾病控制等因素,进行综合考虑后确定。

小型幼儿园有建设周期短、方便管理、可在地段有更多布点而方便居民、利于接送幼儿等优点,但规模过小会使设施利用率低,管理人员潜力难于充分发挥,经济性较差等问题。

大型幼儿园、特别是超过12班的超大型幼儿园,虽然有一定规模优势,但存在建设周期长、管理相对复杂、家长接送时的集中交通不易组织、当发生传染性疾病时难于控制等问题。

因此,在一般情形下,幼儿园的规模以6～9班的中型幼儿园为宜。在人口相对稀少地段,可选择小型幼儿园规模;而大型及超大型幼儿园,一般仅作为中心幼儿园、较大的寄宿制幼儿园及大企业单位幼儿园时采用。

 本节知识要点提醒

幼儿园的类型可以按多种划分方式进行分类。与幼儿园建筑设计关系密切的,主要是按幼儿在园时间方式、建筑方式及规模的类型划分方式。综合而言,全日制、新建幼儿园是最为常见的类型,应重点了解;幼儿园的规模分大、中、小型三种规模,各对应于相应的班级数和幼儿总人数。幼儿园规模大小的选择,在城市规划和项目前期策划时,综合考虑相关影响因素后就已确定,并在建筑设计任务书中明确。

1.4 幼儿园的人员与空间构成

1.4.1 幼儿园的人员构成

幼儿园的人员按幼儿班级、生活服务及管理三大部分构成。依据国家相关规定,并结合幼儿园类型、规模、运行方式等因素,进行三大部分各自的人员配置。

1.幼儿班级部分

依幼儿园规模,设多个幼儿班级单元。为适于保教,一般按照年龄划分为小班、中班和大班。

根据幼儿年龄差异所反映的生活自理能力的不同和保教人员的工作量,幼儿班级单元的幼儿人数按小班20～25人、中班26～30人、大班31～35人进行编班。寄宿制幼儿园每班幼儿人数酌减。

全日制幼儿园各班配备教养员2人、保育员1人。寄宿制幼儿园各班设教养员2人、保育员2人、夜班保育员、洗衣员及隔离室人员等数人。

2. 全园生活服务部分

医务人员、事务人员、炊事员和其他工作人员。全日制幼儿园当幼儿超过100名时，设护士或保健员1人。幼儿在100名以下，设兼职护士或保健员1人；炊事员按40名幼儿(1日3餐1点)设炊事员1人；此外，可根据幼儿园规模的大小，增设其他工作人员。

3. 全园管理部分

3个班以上的设园长1人、行政助理1人；6个班以上的设正、副园长各1人、行政助理1人。可根据幼儿园规模的大小，设专职或兼职财会人员。

1.4.2 幼儿园的空间与环境构成

幼儿园的空间环境可分建筑空间和室外场地环境两大部分，每部分各由若干具体的空间构成。不同的幼儿园类型，如全日制或寄宿制、新建或加扩建等，其空间构成内容会有所不同。全日制幼儿园的空间构成如图1.2所示。

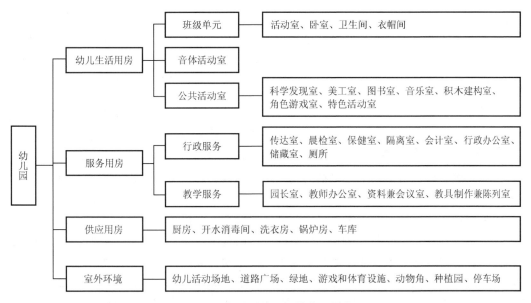

图1.2 全日制幼儿园的空间构成

按照国家的相关规定，幼儿园的建筑空间应包括按班设置的幼儿班级单元(含寝室、活动室、衣帽间、卫生间、储藏室)、保健室、综合活动室、厨房、洗衣房和办公用房等，并达到相应标准；有条件的幼儿园，可单独设音乐室、游戏室、体育活动室和家长接待室等。

幼儿园的室外场地，包括班级专用和全园公用的幼儿活动场地、道路广场用地、绿化用地等。幼儿园应有与其规模相适应的户外活动场地，配备必要的游戏和体育活动设施，创造条件开辟沙地、动物饲养角和种植园地，并根据幼儿园特点绿化、美化园地；有条件时应尽可能多地设置较多停车位的停车场地，以适应家长接送幼儿的停车所需。

幼儿园建筑中的幼儿班级单元及室外环境中的幼儿活动场地环境，与幼儿的关系最为密切。

1.4.3 幼儿园的运行功能及空间关系

目前，我国幼儿园仍采用按幼儿班级单元组织各项保教活动的方式，根据幼儿园的班级规模，相应设置等量的班级单元，其他部门的人员和空间配置，都是为幼儿班级单元服务的。

1. 幼儿园主要建筑空间的使用功能

幼儿班级单元空间容纳绝大部分与幼儿相关的保教活动，包括幼儿上课、吃饭、午休及室内进行的各项游戏活动。

音乐室、音体活动室、游戏室等主要用于幼儿音体教学及班级单元内活动室所不便进行的游戏的公共活动用房，应保证幼儿能从各自的班级单元空间方便地到达，而不对班级单元产生噪声干扰。

厨房、洗衣房等不直接面向幼儿，但为幼儿班级单元提供后勤保障。厨房主要为幼儿制作餐食，并在幼儿用餐时间段内，将餐食分送到各幼儿班级单元，洗衣房则提供各种洗涤服务。

医务室为出现患病征兆幼儿时提供初步的诊断和应急治疗；晨检室用于早晨入园时检视幼儿是否有患病征兆，常设于幼儿园建筑的入口处附近；隔离室用于早晨入园时及其他时间内所发现的患病幼儿的临时观察和看护之用，以免疾病传染其他健康幼儿。

行政办公室是包括园长、财务及其他管理人员的办公用房，在使用功能上没有特别要求。

2. 幼儿园日常运行流程

幼儿园的日常运行流程主要包括幼儿入园、园内(外)保教、离园这三大部分。以全日制幼儿园为例，幼儿在早晨由家长送至幼儿园入口处，经晨检无恙后送达幼儿所在班级单元，由教师接管；然后，在班级单元内由教师和保育员共同负责，按照作息时间表进行课程教学、各类活动、午餐及午休。天气晴好时，由教师带领进行户外、有时甚至是园外的集体活动；傍晚时分，家长前来幼儿班级单元接走幼儿并离开幼儿园。寄宿制幼儿园的运行流程大致相当，只不过家长接、送幼儿的时间间隔较大，如果按周寄宿，通常间隔5天。同时，幼儿在园期间，晚上在保育员值班看护下在班级单元内睡眠，并用晚餐和早餐。

除了上述日常运行流程之外，幼儿园有时还会组织一些家长会或家长和幼儿共同参与的活动，园方(教师)或家长也会因为一些不时之需进行会晤交流。这些活动也是幼儿园的合理和有效运行所必需的，与此相关的空间或环境也应纳入幼儿园的运行空间功能一并考虑。

3. 幼儿园运行功能的空间关系

幼儿园的运行功能反映在建筑空间上，对各构成空间的布局及相互关系提出要求，合理的空间关系，幼儿园建筑功能关系如图1.3所示。

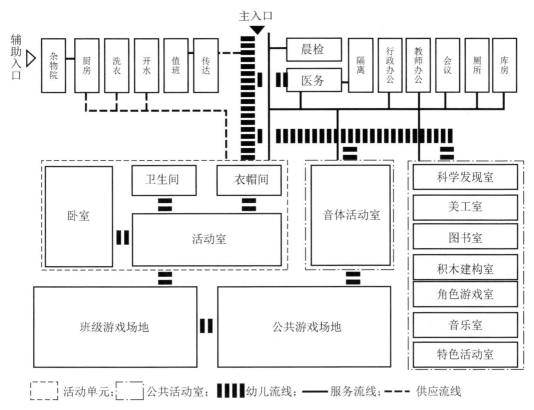

图 1.3　幼儿园建筑功能关系

由于当前中国城市的幼儿园幼儿的许多家长越来越多地采用汽车接送方式，因此，在幼儿园的场地入口之外设置适宜规模和合理设计的停车场，是不容忽视的。

 本节知识要点提醒

幼儿园的人员构成分幼儿班级、生活服务及管理三大部分，综合考虑国家相关规定及幼儿园的类型、规模、运行方式等因素进行人员配置。

幼儿园中的空间可分建筑空间和室外场地空间两大部分，各由若干具体的空间构成。不同幼儿园类型，如全日制或寄宿制、新建或加扩建等，其空间构成内容会有所不同。空间构成应适应时代变化的需求。

在幼儿园建筑中，幼儿班级单元及幼儿公共活动用房与幼儿日常保教活动的关系最为密切，应重点关注其空间功能要求；对应于幼儿园的运行功能，各构成空间的布局和相互联系，应形成一种合理的空间关系。

1.5　幼儿园设置与管理相关法规

目前我国涉及幼儿园设置和管理的主要相关法规文件包括以下几部，必要时可参考浏览。

（1）《幼儿园教育纲要》。

（2）《幼儿园管理条例》。

（3）《幼儿园工作规程》：1996 年 3 月国家教委发布；2013 年教育部发布《幼儿园工作规程（修订稿）》（征求意见稿），待正式颁布。

（4）《城市幼儿园建筑面积定额（试行）》、《普通幼儿园建设标准》（DB 33—1040—2007）。

小 思 考

1. 幼儿园的建筑环境应该在幼儿在园期间的成长中起到什么作用？建筑设计应如何进一步促进这种作用？

2. 当前我国幼儿园建设所需关注的问题应引起幼儿园建筑环境设计进行哪些方面的积极思考和应对？

3. 根据当前我国幼儿园保育与教育特点并结合进一步发展需要，幼儿园建筑空间、环境配置、功能及空间处理等方面，有何可作积极改进之处？

习 题

1. 根据你的了解、体会和观察，当前我国幼儿教育和幼儿园的发展有何特点？

2. 幼儿园的保教活动与托儿所保育及小学教育有何不同？

3. 我国幼儿园的保教内容和方式是什么？

4. 全日制幼儿园与其他类型的幼儿园的差异是什么？有何特点需要关注？

5. 在幼儿园的空间构成中，哪些空间和环境与幼儿关系密切，需要在建筑设计中予以重点考虑？

第**2**章
幼儿园建筑设计前期基础

【教学目标】

主要讲述在开始进行幼儿园建筑设计之前所需掌握的相关知识和设计要求，旨在让学生熟悉和掌握在幼儿园建筑设计前应该清楚的设计目标要求和必须考虑的相关条件是什么。通过本章学习，应达到以下教学目标：

（1）使学生了解幼儿生理、心理、行为特点及其对幼儿园空间环境所提出的，有别于儿童和成人的要求。

（2）帮助学生熟悉幼儿园建筑空间和室外空间的设计目标要求。

（3）帮助掌握幼儿园建筑设计的设计条件、规范等其他相关总体要求。

【教学要求】

知识要点	能力要求	相关知识
幼儿空间特征	（1）熟悉幼儿生理特点与空间的关系 （2）熟悉幼儿感知觉特点与空间的关系 （3）熟悉幼儿行为心理特点与空间的关系	（1）幼儿人体尺度、动作尺度及视高 （2）幼儿听觉、空间知觉、视觉的总体特征及年龄差异 （3）幼儿思维、观察力、心理方面的总体特征及年龄差异
幼儿园建筑设计原则	（1）理解各设计原则所保障的目标 （2）熟悉各设计原则之间的相对重要性差别	（1）幼儿与成人之间的差异性 （2）幼儿空间环境的安全需求 （3）幼儿空间需求的年龄差异
幼儿园建筑设计要求	（1）分析不同设计要求之间的相互关系 （2）分析不同设计要求之间的协同途径	（1）幼儿园建筑环境空间的总体需求特征 （2）幼儿园建筑环境空间设计外部条件

 基本概念

幼儿人体尺度、幼儿感知觉、幼儿行为、幼儿心理、生活教育。

 引例

在进行某个特定类型的公共建筑设计之前，除了一般的公共建筑设计原理之外，设计者势必需要了解和掌握该类建筑使用对象、建筑功能要求的特殊性和相应类型建筑设计规范等内容。在此基础上，才能结合特定地域情况、场地条件及任务书中的各项要求等，开始具体的设计进程。

幼儿园建筑设计的主要使用对象是 3～6 岁的幼儿，他们正是身体、心理和行为的主要形成、塑造期，幼儿园的建筑环境是他们体验、认知、学习、求索的重要对象，对幼儿的成长具有深刻的影响。因此，幼儿园建筑环境的使用对象——幼儿具有特殊性，幼儿园的建筑环境的功能要求也有别于其他公共建筑，相应的设计目标、内容及规范等也有特别要求。为此，在开始设计前，设计者需要对幼儿园建筑设计的前期相关知识和要求做充分的了解和掌握。

如果要在中国南方某住宅区内新建一座较高标准的全日制 9 班幼儿园，在开始着手该幼儿园的建筑方案设计之前，我们需要了解和掌握幼儿的哪些身心特点？应该为这个幼儿园的设计确定一个什么样的设计目标？在设计中应遵循哪些设计原则？作为一个当代的幼儿园，还有哪些要求需要我们特别关注和设计应对？

2.1 幼儿身心特点及幼儿空间要求

由于幼儿园的主要使用对象是幼儿，幼儿园建筑环境对幼儿的身心健康成长有重要影响。而幼儿在生理、心理和行为等方面具有与成人显著不同的特点，并对幼儿园的建筑环境提出一些明显不同于成人的要求。因此，熟悉这些特点，对于更好地构建适应幼儿身心发展与安全等需求的幼儿园空间环境，具有十分重要的意义。以下就与幼儿园建筑环境营造密切相关的 3～6(7)岁年龄段幼儿的身心特点及其与建筑环境的关系进行阐述。

2.1.1 幼儿生理特点

1. 幼儿的人体尺度

幼儿的人体尺度明显不同于成年人。幼儿的人体尺度，首先关系到他们的日常行为尺度(图 2.1)，影响他们对行为空间的需求，如家具尺寸、建筑台阶尺寸等。

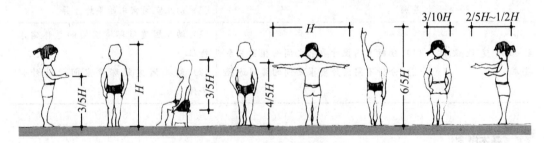

图 2.1　幼儿的人体尺度

幼儿的人体尺度，也关系到他们的空间体验，而这种空间体验与他们的视高密切关联。幼儿明显低于成人的视高，使幼儿对空间开敞度的体验也明显区别于成人。如同处某个较低的空间净高，可能令成人有空间压抑的感觉，但幼儿并不感觉压抑；同处某个在成人感觉不算宽敞的空间，幼儿则感觉非常宽敞。因此，对视线的遮挡与否、空间感是否压抑等的判断，是不能按成人的标准进行的。对于幼儿与人体尺度相关的空间体验，通常还需关注他们处于立姿和坐姿时的差异性。

此外，由于 3～7 岁的幼儿处于快速生长期，该年龄段内不同岁数的幼儿，其人体尺度也有一些差异(图 2.2)。如果可能，应区分大、中、小班幼儿尺度的微差，并在各自班级单元空间中予以反映。

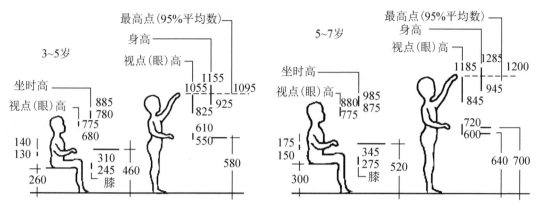

图 2.2 3～7 岁幼儿坐立姿势的人体尺度

2. 幼儿的体质

由于幼儿的体质相对于成人而言抵抗力较弱，肌体容易受环境中的有害影响而染病。同时，也易迅速传染危及其他幼儿的健康。因此，除了在规划选址和前期策划阶段中要尽量避免有害环境的危及，如空气污染、噪声污染、光污染、水污染等之外，还需要在场地内通过合理的场地布局和建筑设计，争取良好的日照、遮阴、自然通风，并避免厨房排烟等造成对幼儿空间的新的污染。同时，注意幼儿用房与后勤用房的卫生间距要求，避免服务流线与幼儿活动流线混淆。

2.1.2 幼儿感知觉特点

儿童感知觉的发展有其特征，在幼儿的认知活动中，感知觉占据重要地位，幼儿基本上是依靠自己的直接感知来认识事物的，幼儿的记忆直接依赖于感知的具体材料。例如，幼儿对火的畏惧感，来自于之前被火灼热(烧)的体验，而成年人的劝告则不足以让他们产生这种畏惧感。

1. 听觉

幼儿 5 岁以后能建立巩固的分化运动(辨别纯音的差异)；语音听觉差异较大，有时仅感知词的声音，还不能辨别语音。

2. 空间感知觉

4 岁是图形知觉的敏感期，幼儿感知图形的自易到难的次序是：圆形、正方形、三角形、长方形、半圆形、梯形、菱形、平行四边形。对形状的辨别还与背景有关，简单的背景更利于幼儿识别物体的形状。

对于物体大小的知觉，4～5 岁幼儿需用手去摸积木的边沿才能确认，而 6～7 岁的幼儿则可以用视觉直接辨别大小。

方位知觉是个体对自身或物体所处位置和方向的反映，如对上下、前后、左右等的知觉。幼儿3岁时能辨别上下方位；4岁时能辨别前后方位，但对辨别左右方位有困难；5岁开始能以自身为中心辨别左右方位；6岁时虽能辨别上、下、前、后，但辨别左右仍未发展完善。幼儿辨别方位的难易次序为左与右、后与前、上与下。

幼儿对于空间的认识不成熟，还处于孤立、片面状态，缺乏将片面的空间认识在时间上连续起来的能力。在他们的空间认识中，无法将各个单独的空间部分连成整体，因此不能预料相邻空间处的障碍与危险。

3. 颜色视觉

颜色视觉是指用视觉区分颜色或其细微差别的能力。虽然在3～4个月的婴儿期时，已经可以辨别彩色和非彩色，但3岁以前还不能很好地区别各种颜色的色调(如湖蓝与天蓝)以及颜色的明度和饱和度，也还不能把颜色与名称结合起来。对于幼儿来说，最容易掌握的颜色是红、黄、绿色。同时，女孩的辨色感知能力比男孩强。

2.1.3 幼儿心理行为特点

3～6岁学前期(幼儿期)是心理活动形成系统的奠基时期，是个性形成的最初阶段。幼儿心理随年龄增长而逐渐发展，具有心理发展的年龄特征。幼儿的心理是在活动中形成和发展起来的，其心理活动以无意性为主，开始向有意性发展。

1. 恐惧感特点

不同年龄段幼儿的恐惧感是有差异的。1岁时，幼儿会因为突然发生的巨响、陌生事物、母亲的离开等而惧怕；2岁时，惧怕增强，而且会特别惧怕某些声音(如噪声、雷声、某些动物的吼声等)和某些事物(如高楼、黑暗)；3～4岁时，听觉方面的恐惧感增加，特别惧怕警报声；5～6岁时，惧怕跌倒和受伤，对声音、黑暗、孤独特别害怕。同时，由于想象力的发展，开始惧怕妖怪等无形和不能确定的事物。

2. 认识思维特点

幼儿的认识思维活动以具体形象性为主，并开始向抽象逻辑性发展。他们对事物的认识主要依赖于感知，表象活跃，抽象逻辑思维开始萌芽。5～6岁幼儿已明显出现了抽象逻辑思维的萌芽。例如，5～6岁的幼儿能根据概念对事物分类。5～6岁幼儿还会采取一定的方法帮助自己集中注意，如在幼儿园大班，有的孩子在某处看书时，发现这个地方很闹，他就会自动找个安静的地方，津津有味地看自己的书。

3. 观察力

观察是有目的、有计划、比较持久的知觉过程，是知觉的高级形式，是人获得感性认识的主动积极的活动形式。观察力是指分辨事物细节的能力，是智力结构的组成部分。学前期儿童观察力的发展具有以下几个方面的特点。

(1) 观察的目的性。在幼儿初期，不善于进行自觉、有目的的观察，不能接受观察的任务；在幼儿的中晚期，观察的目的性增强，能根据要求进行观察。

（2）观察的持续性。据研究，在幼儿初期，观察的持续性短，3～4岁的幼儿观察事物的持续时间一般为6min8s；在幼儿中晚期，5岁幼儿的观察持续时间为7min6s，6岁幼儿的持续时间为12min3s。可见，学前期幼儿在观察时的持续性是随年龄增强的，而且6岁以后增长明显。

（3）观察的细致性。在幼儿初期，只能看到事物的粗略轮廓，以及面积大和突出的特征；在幼儿中晚期，则能从事物的属性进行观察，比如大小、形状、颜色、数量等。

（4）观察的概括性。在幼儿初期，可通过观察得到孤立、零散的印象；而在幼儿中晚期，则可以得到对事物各个部分及各部分之间关系的比较完整的、系统的印象。

4. 行为特点

总体上而言，3～6岁年龄段幼儿的行为具有一些共同的特点，在空间上主要反映在其对于空间的被动性，主要表现在三个方面：①好动而稳定性差，有赖于环境为其提供行动的支撑；②好奇而持续时间短，环境的趣味性因素在其兴趣的转换过程中，对下一兴趣中心的形成起诱导作用；③游戏时姿势趋于席地缘墙，更是直接表现出对于环境的依附。

然而，3～6岁年龄段不同岁数的幼儿行为，还具有一些细微的差别。这些差别按年龄表现在以下几个方面。

（1）3～4岁（小班）。①最初步的生活自理。3岁后，逐渐学会最初步的生活自理，能进餐、控制大小便、能在成人帮助下穿衣，能用语言表达思想和要求，能和他人游戏。生活范围扩大，认识能力、生活能力和人际交往能力都迅速发展。②认识依靠行动（动作思维）。动作与思维紧密联系。玩游戏、画画目的性、点数等。③情绪性大，不受理智支配。受兴趣左右，注意感兴趣的东西、喜欢的事物。④爱模仿。看别人干什么就想干什么，模仿是幼儿学习的主要方式。因此，卫生习惯、饮食习惯、教育要求等要示范。游戏需要成人陪同或带领才能进行。

（2）4～5岁（中班）。①更加活泼好动。积极参加各种活动，反应、动作等比过去更加灵活。②思维具体形象（形象思维）。依靠具体形象去理解。③开始接受任务，能够执行指令。有意性注意、记忆、想象有较大发展。坚持性的行为发展最为迅速，比3～4岁和5～6岁都快，也体现了最初的责任感，可以安排一些任务，如做家务等。④开始自己组织游戏。4岁会自己玩、会分工、安排角色、组织游戏。人际关系由亲子关系、师生关系发展到有了伙伴关系，同伴之间的影响也发生作用。

（3）5～6岁（大班）。①好学好问。智力活动体现积极性，有强烈求知欲和认识兴趣，喜欢探索，喜欢动脑筋，如拆卸物体、攀爬高处。②抽象思维开始萌芽。知道多少、冷热，能根据概念分类，能够一定程度上理解因果关系。

总而言之，幼儿的心理过程呈现具体形象性的特点，在抽象语言、时间、空间记忆方面的表现相对较差；同时，幼儿的心理过程呈现随意性特点，表现为目的性差，随外部条件和兴趣支配。

2.1.4　幼儿空间要求特征

为适应学龄前期幼儿的上述身心行为特点，同时结合幼儿园保教的目标、方式和特点，必须首先从幼儿的角度，充分满足他们对于空间的要求。这些要求主要表现为幼儿园内与幼儿相关的建筑与环境，必须是安全空间、简明空间、开朗空间、游戏空间和成长空间。

1. 安全空间

幼儿在幼儿园期间的人身安全，不仅是家长和园方希望，更是国家法规所明确规定的要求。由于幼儿生性好动，相互之间还会经常打闹；而且他们对于空间的认识不成熟，还处于孤立片面状态，不能预料相邻处的障碍与危险。因此，一些对于成人而言是安全的空间措施，对于儿童却不一定合适；同时，由于幼儿体质相对低下，幼儿空间环境的卫生安全也是十分重要的。所以，幼儿园的建筑环境首先必须是一种安全的空间，必须在建筑与环境的设计中，在行走、触摸、防坠及卫生等方面，予以全方位的安全保障。

因此，对幼儿园的建筑环境，尤其是那些幼儿经常集中的空间，在设计中除了按成年人需要进行安全考虑之外，还必须要特别关注和避免那些对成年人是安全的，但对于幼儿可能构成不安全隐患之处，如走道墙体幼儿可及高度范围内的突出构件、尖锐的墙面（柱）表面材质、间距未足够小的栏杆等。

2. 简明空间

考虑到幼儿对形态、空间、色彩等方面认知能力及观察细致程度的相对有限和不成熟，过于复杂的空间形态和复合色等是幼儿难以辨识、喜欢或亲近的。因此，幼儿园的空间环境，应该是由一些利于幼儿在空间方位、色彩等方面辨识的，相对于成人认知而言更为简明的空间单元或局部及具体对象形态来构成。但整个幼儿园空间环境的总体，则应在幼儿可认识和理解的基础上适当丰富，因为幼儿的好奇持续时间短，多样的空间形式，可诱导幼儿进行更多的空间认知，并增加幼儿园建筑环境的空间趣味性。

此外，空间的简明还应体现在空间划分以及交通流线组织等方面。幼儿园总体建筑空间划分、空间结构、交通组织应简、明了和直接，以适合幼儿对整个幼儿园的空间把握。如6岁幼儿辨别左右的能力仍未发展完善，因此，用单侧开敞的外廊式来进行幼儿园内部交通组织，比全内廊式更有利于儿童辨别方位。

3. 开朗空间

幼儿园保教的重要目标之一，是培养心理健康、性格活泼开朗的儿童，形成快乐童年的美好记忆。而据心理学家的研究，环境对儿童心理的成长是起到决定性作用的。所以幼儿主要活动区域不应采用令其恐惧的形式形态，否则容易导致幼儿压抑、阴暗、怪异等不利空间感受，并影响其心理健康。

因此，幼儿园建筑环境应该是一种综合了开敞、明亮、令人愉悦等品质的开朗空间。需要在设计中，通过形态、色彩、尺度、材质等各种处理手段，构建这种有益于幼儿心理健康的开朗空间。不过，作为某种锻炼幼儿勇敢和意志的个别场所，逼仄、黑暗、不确定形态的空间也可以少量存在，但应在指导下使用。

4. 游戏空间

除了日常生活活动外，儿童活动分为游戏、学习和劳动三种基本形式，对幼儿期（3～6岁）儿童，最重要的活动是游戏。幼儿心理过渡到新的、更高的发展阶段的过程，主要是在游戏活动中完成的。活动能力强，则心智发展水平就快。为此，幼儿园的建筑环境在很大程度上是一种游戏空间，必须具有开展有组织游戏和自发游戏活动的空间便利性、广泛性，可供游戏的空间随处可见，空间的游戏氛围浓郁，使幼儿园的建筑和环境空间真正被孩子们喜爱、并流连忘返。

5. 成长空间

幼儿园的建筑环境是幼儿长身体、长知识和长能力的场所，应该借助于物质环境对幼儿行为和心智的塑造作用，为幼儿各方面的成长起到应有的作用。也就是说，幼儿相关的建筑环境空间，理应是一种有利于幼儿成长的空间。为此，应通过小、中、大班的班级单元空间等，区别因年龄不同而在尺度需求、空间感知能力等方面的差异化，分别满足不同年龄的生理和心理行为等方面的细微差异，从建筑空间环境角度，在交通组织、空间形态、色彩、材质等方面有所区别，形成一种尺度由小到大、空间关系由简到繁、空间使用便利性由易到难的空间序列，为幼儿提供符合年龄差异的空间使用需求、塑造幼儿行为要求的合适空间场所，并具有丰富的可探索的空间，以环境促进幼儿心智和行为的健康成长，使幼儿园的建筑环境成为促进幼儿成长的空间。

 本节知识要点提醒

（1）3～6岁幼儿的人体尺度明显不同于成年人，影响幼儿的行为空间大小和空间体验，并且由于处在快速生长期，不同岁数的幼儿，其人体尺度也有一些差异，应引起关注；幼儿的体质相对较弱，环境卫生的要求较高。

（2）幼儿的空间及色彩的感知觉能力总体较低，对空间的认识不成熟，还处于孤立、片面状态，缺乏将片面的空间认识在时间上连续起来的能力，因此不能预料相邻空间处的障碍与危险。

（3）3～6岁是幼儿心理活动形成系统的奠基时期，是个性形成的最初阶段，其心理活动以无意性为主，开始向有意性发展；认识思维活动以具体形象性为主，开始向抽象逻辑性发展；对事物的观察力总体偏低，观察事物的目的性、持续性、细致性、概括性能力较低，但会随年龄增大逐步提高；幼儿的行为表现出对于空间的被动性，好动而稳定性差，有赖于环境为其提供行动的支撑。好奇而持续时间短，环境的趣味性形成起诱导作用。

（4）为适应3～6岁幼儿的身心行为特点，同时结合幼儿园保教的目标、方式和特点，与幼儿直接相关的空间，必须是安全空间、简明空间、开朗空间、游戏空间和成长空间。

2.2 幼儿园建筑设计的目标与原则

2.2.1 幼儿园建筑设计的目标

幼儿园建筑的主要使用人群是幼儿这个显著区别于成人的特殊人群，因而不同于一般的、主要面向成人的其他公共建筑，幼儿园建筑设计的目标，应在一般公共建筑设计的基本目标基础上，充分考虑幼儿的特殊需求，为幼儿营造一个可促进其身心健康成长的理想空间环境。

幼儿园建筑设计的目标，包括必须实现的基本目标及应积极探索并努力实现的扩展目标两个部分。

1. 基本目标

幼儿园建筑设计必须全部实现以下几个方面的基本目标。

（1）幼儿园的建筑和室外空间符合城市规划要求，与周边城市空间的关系良好。

（2）建设场地内的建筑布局、交通组织和室外环境安排合理、有序，室外空间和设施符合使用要求，室外空间形态良好。

（3）建筑内部的空间布局、交通组织等各方面合理、有效，符合幼儿园运行、管理的各种使用功能要求。

（4）建筑空间的形态、尺度、色彩等方面符合幼儿园建筑与环境的空间特点，建筑造型简洁明快、有美感，且易于幼儿识别。整体空间环境符合幼儿园建筑环境类型特征。

（5）符合幼儿园建筑设计及建筑设计防火等相关规范和标准。

（6）保证幼儿身体健康、安全、卫生的建筑环境。

2. 扩展目标

幼儿园的建筑设计在满足上述基本目标要求的基础上，还有以下一些扩展目标。这些扩展目标的实现有难有易，但在可能的情况下都应努力实现，使所设计的幼儿园建筑与环境具有更高的设计水平。

（1）在设计理念、空间效果等方面有独到之处，形成区别于其他幼儿园建筑与环境的空间特色。

（2）建筑内部和室外环境中富有适合幼儿趣味的各种小空间，利于幼儿相互交往和对环境的探索。

（3）幼儿园的建筑空间，尤其是班级单元空间，具有适应不同保教组织模式时的灵活性，可适合按幼儿年龄段分班或混合编班等保教模式的空间需求。

（4）具有可满足区别小班和中大班幼儿差异化需求的空间形态和微观细节设计。

（5）建筑环境利于全面促进幼儿心智健康发展。

（6）在其他方面进行积极和有益的探索。

2.2.2　幼儿园建筑设计原则

为了更好地营造一个理想的幼儿园建筑环境，在设计过程中必须遵循以下设计原则。

1. 侧重幼儿需求全面适应幼儿的生活和学习

在设计过程中，必须全面关注幼儿的特点和空间需求，包括室内和室外空间。对于幼儿和工作人员共用的建筑空间、室外环境或设施，可兼顾成人的要求，但侧重幼儿需求。凡是幼儿所需涉及空间范围，都必须充分满足幼儿需求。

通过充分满足幼儿需求，使设计营造的幼儿园建筑和环境，既有利于幼儿的生理发展，又有利于幼儿的心理发展；既有利于幼儿智力因素的培养，又有利于非智力因素的培养；既有利于幼儿各种知识经验的积累，又有利于幼儿各种能力的培养。

2. 全方位保证幼儿园建筑环境的安全性

由于幼儿年龄小，生活能力和自我保护能力都较差，幼儿园的建筑与环境设计，必须全方位考虑和保证幼儿可触及的所有建筑空间和外部环境对于幼儿的安全性。

这种安全性，并不是简单地限制幼儿的活动，而是要建立在建筑与环境的细节基础上，通过在设计中排除各种显性和隐性的不安全因素，来保障幼儿的身体安全；同时，这种安全性还包括环境空间对于幼儿的心理安全，即确保幼儿在园内有一种心理安全感。从而努力创设一个宽松、和谐、平等、自由的环境，以促进幼儿身心的健康发展；此外，在考虑建筑防火设计时，应特别关注因幼儿身体尺度、心理行为特点，并在疏散路线的简单明了性和便捷性等方面，进行更为全面和细致的设计安排。

3. 注重以幼儿的角度审视和处理建筑与环境空间

作为幼儿园建筑与环境空间的主要使用对象，幼儿的视高、空间喜好、空间的心理体验等方面是大不一样的。作为成人的建筑师，在设计过程中，必须随时以幼儿的喜好、视高和行为尺度来审视和处理空间，而不能以设计者成人的个人喜好和成人的尺度进行设计。这也要求设计幼儿园的建筑师，处处以"童心"来思索适合幼儿的建筑意象，构建适应幼儿尺度的空间，审核适合幼儿的视域等。

4. 尽量考虑不同年龄幼儿特点的差异性需求

幼儿有着年龄、性别、个性及发展水平等方面的差异，不同的幼儿对环境的要求是不一样的。如果不注意这种差异，就会使一部分幼儿不能从环境中获得满足自身发展需要的有利条件，致使对全体儿童的教育收不到预期的效果。因此，在有可能的条件下，应对此与年龄相关的差异性需求进行考虑，以期更为充分、全面、细致地满足幼儿的需求。在建筑与环境空间的营造方面也应如此，如不要简单地重复班级单元，可按不同年级追求相异并且与幼儿年龄相宜的班级单元空间形态、材质等方面的变化。

5. 空间环境设计促进幼儿与环境互动

幼儿园的环境，一般都是由成人提供的，幼儿常常作为被动地接受体，机械地接受来自成人的安排。成人过多的包办代替，过分的限制、照顾，又常常使幼儿无法大胆地、主动地投入到环境之中，因此，能否正确认识幼儿与环境的相互关系，也就成了环境创设过程中的重要问题。

在幼儿园的环境创设中，我们不仅要看到环境对幼儿的制约作用，还要看到幼儿对环境所具有的能动作用。幼儿要成长，要发展，总是要以自己独特的方式，能动地作用于环境。为此，幼儿园环境创设应以幼儿为主体，这样才有利于幼儿与环境这种互动作用的发挥。具体说来，应注意两个方面：一是要尽量根据幼儿的年龄特点、兴趣爱好及身心发展的需要来创设环境；二是应有利于幼儿最大限度地投入和参与环境，发挥其主动的作用。只有这样，幼儿才有可能以最大的热情投入环境之中，并和环境产生互动效应，才能真正发挥环境教育作用。

本节知识要点提醒

（1）幼儿园建筑设计的目标，应在一般公共建筑设计的基本目标的基础上，充分考虑幼儿的特殊需求，为幼儿营造一个可促进其身心健康成长的理想空间环境。具体目标包括必须实现的基本目标及应积极探索并努力实现的扩展目标两个部分。

（2）幼儿园的建筑设计，应遵循侧重幼儿需求全面适应幼儿的生活和学习、全方位保证幼儿园建筑环境的安全性、注重以幼儿的角度审视和处理建筑与环境空间、尽量考虑不同年龄幼儿特点的差异性需求、空间环境设计促进幼儿与环境互动等基本原则。

2.3 幼儿园建筑设计的特别要求

幼儿园的建筑设计，除了按一般公共建筑设计原理，满足功能安排、交通组织等方面合理、造型美观等基本要求之外，还应结合幼儿园建筑环境的特殊性，遵循上述幼儿园建筑设计的原则，努力体现幼儿空间的安全空间、简明空间、开朗空间、游戏空间和成长空间特征。在当前我国的幼儿园建筑设计中，应关注以下几个方面的特别要求。

2.3.1 分类处理空间的幼儿适用性

幼儿园建筑与环境空间的使用人群，包括幼儿、幼儿教师及其他工作人员与家长三类人群。从幼儿对空间使用需求区别于成人的特殊性考虑，教师员工和家长同属成人，实际上幼儿园只有幼儿和成人两种人群类型。因此，为便于考虑幼儿身体尺度及心理行为等方面的特别要求，应按幼儿人群使用的密切程度，将幼儿园的各种空间环境，主要可归纳为幼儿专用、幼儿和成人兼用、成人专用三种使用方式的空间，分类采用相应的设计处理对策和方法。其中，幼儿专用是指主要由幼儿使用、只有个别成人使用的方式，因为幼儿是尚需成人照料的年龄阶段，绝对幼儿专用的方式是不存在的。上述三种使用方式的空间及设计要求如下。

1. 幼儿专用空间

主要包括幼儿班级单元（活动室、卧室、盥洗室、幼儿自主使用的衣帽间）、音体室、游戏设施等。

幼儿专用空间的设计，要求全面符合幼儿的尺度、视野、安全、心理、行为等要求，注重空间细节和安全防范，为幼儿营造一个安全、简明、开朗、游戏和成长的空间；局部考虑成人的使用或操作要求或加设构件，如加设成人使用高度和尺度的门把手等。游戏设施属于专供幼儿游戏活动使用的，应根据其适宜使用年龄幼儿的身体尺度方面的要求进行设计，但需要关注教师照料和辅助时的行为动作的空间需求和必要构件设置。

2. 幼儿和成人兼用空间

主要包括门厅、走道、楼梯间、晨检室、医务室、隔离室及室外道路、绿地等。

　　幼儿兼用空间的设计，必须侧重幼儿需求、兼顾成人要求。在有条件时，幼儿及成人需求两者兼顾；当难以兼顾时，重点保证满足幼儿的需求。

　　如室外台阶，在有条件时，可分设幼儿尺度和成人尺度的台阶，而缺少分设条件时，只设幼儿尺度的台阶；建筑内部除了员工专用之外的楼梯，虽然成人和幼儿共用，但通常不具备分设幼儿和成人两种尺度踏步的空间条件和必要性，所以只需按幼儿尺度即可，同时加设幼儿使用的扶手。

　　3. 成人专用空间

　　成人专用空间主要包括厨房、洗衣房、办公室、值班室、库房、员工用卫生间等用房及室外杂物院等。此类空间因幼儿不需到达和使用，可以基本上按一般成人要求进行设计。

2.3.2　营造丰富的幼儿公共空间

　　我国幼儿园目前常采用按幼儿年龄段分段编班，以单独班级活动空间为主的运行模式，是一种便于管理的运行模式，但固定单元模式使幼儿活动受限，不利于培养儿童的交流能力和社会集体意识。反映在空间上，表现为适合幼儿活动的公共空间缺失，幼儿缺乏交往空间。幼儿在园期间的活动，基本上被限制于班级单元之内。

　　对此，除了积极探索采用混合年龄编班、以公共活动空间为主的运行模式之外，对于仍按现行模式运行的幼儿园，在建筑设计中应更多地利用门厅、走道、中庭、院落等，积极营造大小、形态、空间品格等方面不求一致的丰富的公共空间。这些公共空间在尺度、色彩、界面材质等方面，均应符合幼儿特点和需求。这些遍布的公共空间，除了为幼儿提供他们喜爱并积极与他人交流的场所之外，也可以进一步丰富门厅、走道等交通集散空间的形态，增强幼儿园建筑空间的趣味性。

2.3.3　注重活动空间的多功能性

　　我国幼儿园的物质条件与教育空间一般较为有限，特别是在一些经济发展水平相对较低的地区更是如此。另一方面，即便是条件相对较好的地区，通常在幼儿园建设立项时也不能保证所有的建筑功能都可以安排对应独立的建筑空间或场地环境。并且，随着幼儿保教的发展及探索，还会不断产生新的空间和场地环境的需求。

　　因此，在幼儿园建筑设计时，应尽可能使一些建筑空间和室外环境设施具有多种使用功能，使之成为多功能建筑空间或场地环境，或具有成为多功能的潜力，以期满足不断出现的多样化使用需求。例如，在空间的利用上，可采取一室多用的方法，用桌子、布帘、拉门、屏风等将局部的空间进行临时的、有效的分割，使固定的空间具有多种功能，以解决幼儿园空间不足的矛盾，满足幼儿活动的需要；又如，把原来用于走路的路面，规划成各种道路线，配上红绿灯设施，对幼儿进行交通规则与安全行路的教育。这样发挥环境设施的多功能效用，就可以提高环境的利用率。

2.3.4 建构幼儿生活教育的建筑与环境

当前倡导和实践的是一种来源于生活、融于生活、回归生活的幼儿园教育，要求教育内容与幼儿生活密切联系。鉴于环境对于幼儿成长的重要作用，除了幼儿教学过程中对此导向的积极响应之外，幼儿园建筑与环境设计也应积极应对和体现。

为此，幼儿园的建筑环境应适应生活教育的需要，利用适当的空间和场地，设置幼儿生活教育所需的场景；讲究形式的合理性、完美性，但是又不能简单地、一味地追求环境形式的完善，更不能为此而限制幼儿的活动。建筑环境中的生活场景设计，应考虑有利于幼儿最大限度地投入和参与环境，使幼儿以最大的热情投入环境之中并和环境产生互动效应，真正发挥环境的教育作用。

2.3.5 重视并精心营造室内外环境

鉴于幼儿较小的人体尺度、较低的视高以及幼儿对环境的依附性，幼儿园的建筑环境必须比一般公共建筑更多地注重环境界面的细节，特别是幼儿专用空间中的与幼儿身高相近部分的建筑和环境界面，更应做精心的设计处理，确保幼儿在各种活动时的身体安全和适宜的感知觉体验。

为此，在建筑空间设计中，地面以上与幼儿身高相当的空间范围内，构件设置要合乎幼儿人体尺度，界面材质必须对幼儿而言安全；在考虑防火疏散路线时，应考虑与幼儿身高相当高度范围内无障碍性；走廊等长形建筑内部空间的墙面色彩，应分段有所区别且保证足够的色差，以利于幼儿识别；在室外幼儿活动环境设计中，应以幼儿的"童心"而非建筑师的成人喜好来配置和设计幼儿活动场地及设施，并精心设计各种细节。

 本节知识要点提醒

幼儿园的建筑设计，除了满足功能安排、交通组织等方面合理、造型美观等按一般公共建筑设计基本要求之外，针对幼儿园建筑环境的特殊性，还须满足以下几个方面的特殊要求。

(1) 按幼儿使用空间的相关性，分类侧重应对空间需求。幼儿专用空间应全面满足幼儿需求；幼儿和成人兼用空间必须侧重幼儿需求、兼顾成人要求。在有条件时，幼儿及成人需求两者兼顾；当难以兼顾时，应重点保证满足幼儿的需求；成人专用空间可以按一般成人要求进行设计。

(2) 积极营造丰富的幼儿公共空间，在大小、形态、空间品格等方面不求一致，在尺度、色彩、界面材质等方面均应符合幼儿特点和需求，进一步增强幼儿园建筑空间的趣味性和幼儿适宜性。

(3) 尽可能将一些建筑空间和室外环境设施具有多种使用功能，使之成为多功能建筑空间或场地环境，或具有成为多功能的潜力，以期满足不断出现的多样化使用需求。

(4) 适应幼儿园生活教育的需要，利用适当的空间和场地，建构幼儿生活教育所需的、形式合理的、应用可行的空间场景，以利于幼儿最大限度地投入和参与环境。

(5) 比一般公共建筑更多地注重环境界面，特别是幼儿专用空间中的与幼儿身高相近部分建筑和环境界面的细节，并做精心的设计处理，确保幼儿在各种活动时的身体安全和适宜的感知觉体验。

2.4 设计前期相关规范等要求

幼儿园建筑设计相关的规范和标准，主要包括：

（1）《幼儿园建筑设计规范》：1987年开始执行《托儿所、幼儿园建筑设计规范》（JGJ 39—87）。目前，该规范的修订版更名为《幼儿园建筑设计规范》，正处于征求意见阶段。

（2）《民用建筑设计通则》。

（3）《建筑设计防火规范》。

（4）建设项目的规划批复要求：与其他一般公共建筑设计项目一样，在开始进行幼儿园建筑设计之前，除了设计任务书之外，还有一个由城市规划管理部门提出的幼儿园建设项目的规划批复要求，具体提出幼儿园建筑退缩相邻道路红线的距离、与场地外其他相邻建筑的最小间距限制等一些要求，用以协调幼儿园建筑与周边城市空间的关系。在实际工程中，这些规划批复中的要求，是在幼儿园建筑设计时所必须满足的。

小 思 考

1. 幼儿园小、中、大班幼儿的生理、心理特点有何差异？这种相对微观上的差异是否应该在班级专用空间单元的设计处理上予以区别？如何区别？

2. 幼儿园班级单元的空间设计是否应该按大、中、小班进行分类，以便适应不同年龄幼儿的生理、心理和行为特点？

习 题

1. 对于幼儿园建筑与环境设计而言，幼儿的哪些生理、心理和行为特点需要在设计中进行充分的考虑？

2. 幼儿园的空间环境应该追求什么样的空间品质特征？

3. 幼儿园中不同年龄段幼儿的生理心理和行为的差异性，可以通过哪些方面的空间处理手段予以适应？

4. 在幼儿园建筑设计原则中，哪些原则最为重要？为什么？

5. 幼儿园建筑环境对幼儿的健康成长具有重要作用，可以通过建筑设计的哪些方面去追求更为有利于幼儿成长的建筑环境？

第**3**章
幼儿园建筑环境的整体构想

【教学目标】

主要讲述幼儿园建筑环境设计整体构想的原理和方法。通过本章学习，应达到以下目标：

(1) 掌握设计理念和意象的表现形式。

(2) 掌握场地功能布局的合理布置。

(3) 重点掌握场地设计的基本内容、方法和步骤。

(4) 加强对资料查阅和收集以及设计意图表达的能力。

【教学要求】

知识要点	能力要求	相关知识
场地设计	(1) 认识用地环境对建筑的影响 (2) 总体布局、功能分区、流线设计、绿化设计等	(1) 用地的方位、气候特点、周边的道路交通条件、周边景观和建筑环境 (2) 幼儿园建筑的场地功能组成 (3) 小汽车行车道路、转弯半径和停车位等的设计
艺术形象	(1) 建筑造型 (2) 理解外部空间与建筑形体的关系	(1) 幼儿园建筑形体特征 (2) 建筑形体设计手法
方案的概要性表达	(1) 独立查阅资料 (2) 探索多方案 (3) 运用工作模型帮助设计 (4) 在草图阶段用徒手线条表达方案 (5) 概要性表达的方式	(1) 参考书籍、相关规范等的查阅方法 (2) 方案表达的辅助手段 (3) 方案表达的形式

 基本概念

设计理念、意象、场地功能布局、交通流线、建筑形体。

引例

进行建筑设计，首先要理解建筑场地环境。用地的外围环境是建筑设计必须考虑的重要因素。应该注意分析用地的方位、气候特点、周边道路交通条件、周边景观环境、建筑环境等。同时，总体布局、功能分区、流线设计、绿化设计、外部空间与建筑形体关系是小型公共建筑设计的重要内容，应注意寻求基于环境条件的分析而获得建筑构思特色的机会。

现拟在南方某住宅小区新建一所六班规模的全日制幼儿园，以满足区内幼儿入学需求。拟建幼儿园用地地形图如图 3.1 所示。试分析该场地主次入口应该如何设置？幼儿园建筑主体和活动场地应该如何分区？

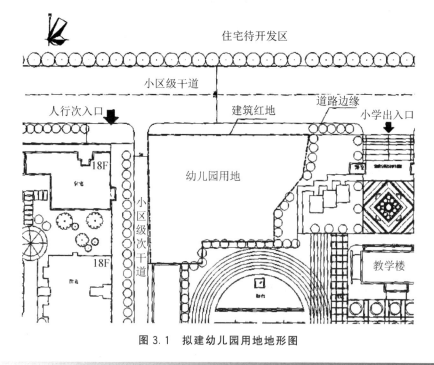

图 3.1 拟建幼儿园用地地形图

3.1 设计理念与意象

一个好的开始，是成功的一半，建筑设计也是如此。对于建筑设计，好的开始就需要有个好的设计理念和意向。这种好的设计理念和意向，甚至可能成为一个建筑成败的关键，中外闻名的悉尼歌剧院就是一个很好的例子。1956 年，丹麦 37 岁的年轻建筑师约翰·伍重（Jorn Utzon），凭着从小生活在海滨渔村的生活积累所迸发的灵感，形成了恰当的设计理念和意向，完成了悉尼歌剧院的设计方案，从而使悉尼歌剧院建筑成为了澳大利亚的标志性建筑。

3.1.1 建筑的设计理念和意象

设计理念是设计师在设计作品构思过程中所确立的主导思想，它赋予作品文化内涵和风格特点。好的设计理念非常重要，因为它不仅是设计的精髓所在，而且能使作品具有个性化、专业化和与众不同的效果。

所谓意象，是指客观物象经过创作主体独特的情感活动而创造出来的一种艺术形象，简单地说，就是把主观的"意"与客观的"象"相结合。

设计理念和意象是辩证统一、相辅相成的，设计理念能够指导意象的生成，意象是设计理念的表现形式。

建筑设计理念可以是多种多样的，但并不是凭空想象的，而是受到建设用地周边环境、建筑自身功能特性等条件的限制。有些从使用者的角度去考虑；有些注重建筑性格的表达；有些偏重于空间设计；还有些则从环境设计着手。而意象就是把设计理念所要表达的主题思想用物像形式呈现出来，最终形成我们能够看到、触摸到的建筑实体。幼儿园的建筑设计，建筑师往往也同时受到幼儿的心理和行为特点的启发。

作为一名建筑师，我们想要呈现怎样一种建筑形象给使用者？其设计理念可以源于何处？下面将针对幼儿园建筑设计，列举几种设计理念的来源和类别，以及在有了主导思想后建筑意象的体现，让大家从中了解幼儿园建筑的设计生成。

3.1.2　幼儿园的设计理念及其意象表现

下面介绍几种常见的设计理念来源及其对应的意象表现。

1. 建立儿童与建筑之间的感官联系——色彩缤纷

对于年幼的孩子来说，色彩的启蒙是非常重要的。幼儿3～4个月时，就已经出现了最初的颜色视觉，可以分辨出彩色和非彩色；4岁时开始，区别各种色调的能力开始发展；5岁时，已经能够可以注意到颜色的明度和饱和度。儿童的颜色视觉是与幼儿园生活同步发展的，幼儿园建筑应提供有利于其颜色视觉开发的色彩环境。我们能观察到，儿童绘画作品往往以纯度较高的颜色来表现，这是因为他们对颜色观察的敏感性比成人弱。因此，设计一所色彩缤纷的幼儿园，通过明快的色彩建立起儿童与建筑之间的感官联系，是多数设计师的普遍想法。

瑞士蒙泰幼儿园位于一个城镇公园附近，是对废旧别墅改造利用而成的。虽然沿用旧建筑，但改造后的外墙比较新奇，由橙色、粉红色、红色以及绿色木材条板拼合而成。这个外立面的设计灵感来自于童年世界，是对糖果的回忆(图3.2)。与此对应的，还有令人开心的内部空间氛围，彩色地板和有节奏的天花板融汇在一起，形成一个有机体(图3.3)。此外，在幼儿园建筑墙面上绘制一些粉彩的装饰性图画也是常用的意象手法。

图3.2　瑞士蒙泰幼儿园外观　　　　　图3.3　瑞士蒙泰幼儿园室内

2. 激发儿童的想象力——抽象造型

有位建筑师的教育观是这样的："如果用建筑来教育孩子的话，我们应该可以避免教育他们传统的建筑特点。一间屋子不一定非要有斜屋顶，房门不一定要在中间，窗户不一定都在房子两端，这些都是小孩应该学会的。只要小孩子们充分想象，房子可以是任何形状的。"

幼儿期的形状知觉发展非常迅速。幼儿运用各种感官了解周围的事物，获得细致、深刻的生活感受后，从已经感知事物的大量表象中抽取有关内容，经过有意识的粘合、夸张等"加工"手段，能形成人脑对未感知过的事物的想象。伟大的科学家爱因斯坦认为："想象力比知识更重要，因为知识是有限的，而想象力概括着世界上的一切，推动了进步，并且是知识进化的源泉。"抽象的造型能为幼儿想象提供更多的可能性，引起他们思维活动的兴趣，使其想象处于活跃状态。

法国萨尔格米讷幼儿园(图 3.4 和图 3.5)的设计理念是躯体和子宫，项目被定义为一

图 3.4　法国萨尔格米讷幼儿园外观

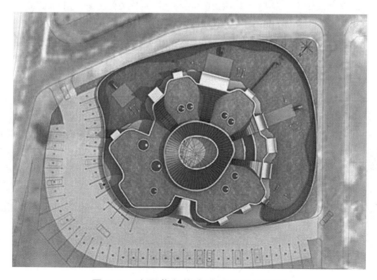

图 3.5　法国萨尔格米讷幼儿园总平面

个身体的框架，位于中心位置的幼儿园建筑是"细胞核"，而周围的花园则是"细胞质"，包裹的围墙充当"细胞膜"，一个抽象的子宫造型就此诞生。巨大的室外游戏场是由一系列弧形的墙壁形成的，它们定义了不同设施的边界。独特的入口由另一片围墙延伸形成尖拱形，它欢迎孩子们进入一个圆形的室内空间。建筑屋顶和墙面，以及室内空间和家具都采用了波浪弧线的形式，充满想象与童趣。

3. 对儿童进行环保教育——具象造型

有时候，建筑师的环保设计理念会通过更加直白具象的手法传达出来，而且这种方式对于幼儿园的主要使用者儿童来说，显得更容易接受与理解。法国长颈鹿儿童看护中心就是一个突出的例子(图 3.6)，该建筑获得了绿色"零能耗"标签。此外，该建筑一个最引人瞩目的创造设计是将大自然景观和活动融入城市建筑中。野生动物充满了这个空间：一只长颈鹿似乎正在安静地吃着旁边公园里的树叶；一只北极熊正努力地爬上屋顶；还有一群瓢虫爬上了立面，试图爬到内庭院中。动物与树木将建筑与大自然紧密联系起来(图 3.7)。儿童生活成长于此，仿佛置身于自然怀抱之中。他们会从热爱动物、热爱自然开始，去接触和理解环境保护的意义。建筑师通过这一独特的设计理念，使孩子在幼儿园环境中，潜移默化地接受环保思想的教育。

图 3.6　法国长颈鹿儿童看护中心

图 3.7　法国长颈鹿儿童看护中心

4. 趣味空间探索体验——游乐园

建筑必须要满足使用者的需求。而对于年幼的孩子而言，建筑还需要充满乐趣。幼儿园建筑设计不但要满足幼儿的教育需求，还需要营造符合幼儿身心成长的趣味空间，促进幼儿知识、能力、技能、情感、态度等方面的发展。美国著名建筑大师路易斯·康曾说过："人生的第一所学校应该让他们认识到，在这里不是在学习，而是在玩耍过程中学到知识。"因此，为幼儿园营造幼儿乐于体验、探索的空间，使之成为幼儿的乐园，是幼儿园建筑设计的一种很好选择。

如图 3.8 所示为位于德国柏林的一所幼儿园，其设计理念来自于瑞典最著名的儿童读物作家阿斯特丽林德格（Astrid Lindgren）的童话"Taka-Tuka-Land"，并以此童话名为幼儿园命名。该幼儿园由 Baupiloten 设计室负责翻新，设计师和幼儿教师鼓励孩子们通过自己的视野来设计他们的"Taka-Tuka-Land"。幼儿园大门起伏波折的主题就是源自童话作品里的场景，建筑内外有许多攀爬和穿越设施，能激发孩子的勇气。建筑内部功能与娱乐空间也充满想象力，色彩活泼又不耀眼。面对不规则的形状，孩子总是兴奋和好奇的，他们乐于在这样的地方玩乐。

图 3.8　德国 Taka-Tuka-Land 幼儿园

5. 感知环境体验——融入环境

从地理环境、人文环境出发考虑建筑设计，也是建筑师常用的设计理念出发点。正所谓一方水土养一方人，幼儿成长免不了受到环境的熏陶，通过对环境体验的感知，逐渐形成相应的品格。同时，与环境相协调的建筑，也为孩子们提供了一个美好的成长容器。

甘地亚儿童大学是一个针对幼儿教育的试验性建筑，期望把这个位于自然中的幼儿园打造成为一个非传统的儿童大学。设计的灵感来源于场地的 6 棵白桑，场地布局充分尊重这一环境特征，将课室围绕白桑树布置，形成一个开敞的中央庭院和儿童游玩中心，同时借助簇拥的白桑树丛与附近环境相容（图 3.9 和图 3.10）。

图 3.9　甘地亚儿童大学外观

图 3.10　甘地亚儿童大学中央庭院

6. 其他设计理念及其意象表现

幼儿园建筑的设计理念及其意象表现并不限于上述几种，建筑创作的路子是很宽的，创作来源也是多元的。例如法国阿尔萨斯的家庭式幼儿园从保护儿童的角度出发，用西伯利亚落叶松木板材将建筑包裹成像"茧"一样，保护着"脆弱"的部分，外墙还起着隔热层的作用，使室内温度保持稳定；又如，丹麦的"调色板"幼儿园，幼儿园建筑的结构以不同"主题"为出发点，专注于特定的一项活动，如艺术、设计和建筑，将不同空间分成5 个滴状部分。每个区都有固定的教育目的，在这里孩子们通过玩耍能学到颜色、形状、几何方面的知识(图 3.11)；再如西班牙的 La Cabanya 托儿所从低碳节能的角度出发，为了在日头西斜的时候让大量太阳能板充分发挥作用，空间的屋顶完全朝向南方，属于主动式节能(图 3.12 和图 3.13)建筑。同时，建筑师也利用了被动式节能，在西向的教室立面使用活动面板，可以自主控制进入室内的光线量和照射位置(图 3.14)。

作为建筑师，需要多观察幼儿园所处的环境，幼儿的生活、学习习性，留意他们的需求，再结合建筑设计的专业知识和技能，凝练设计理念和意向，从而创造出孩子们喜爱的幼儿园天地。

图 3.11 丹麦"调色板"幼儿园设计理念分析图

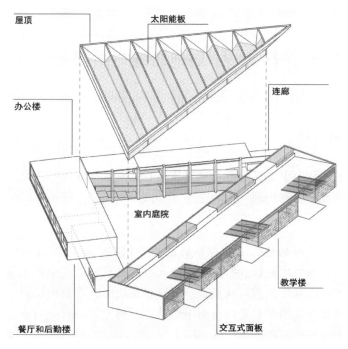

图 3.12 西班牙 La Cabanya 托儿所轴测图

图 3.13 西班牙 La Cabanya 托儿所室内庭院

图 3.14　西班牙 La Cabanya 托儿所西立面

　本节知识要点提醒

这一节我们了解了设计理念和意象的定义以及两者之间的关系，通过对一些幼儿园建筑设计理念及其意象表现的学习，认识到设计理念来源是多种多样的，根据不同设计理念有着相对应的意象表现形式。

3.2　场地功能与布局

3.2.1　场地功能分区

根据幼儿园的使用要求，其场地功能具体内容主要包括建筑物用地、活动用地、景观绿化用地、后勤用地和交通用地 5 大类。

1. 建筑物用地

幼儿园的建筑物用地是幼儿园场地布置的主要内容，应与周边环境相呼应，满足日照、通风等条件。建筑物用地设计时应考虑出入口的设置、道路交通流线、人流流线及用地大小、规模、形状、地质地貌，从而初步确定建筑朝向、建筑的层数、平面形状和建筑体型，在总平面中建筑物的布置需综合地考虑幼儿园的建筑特点及与周边的环境关系。一般建筑物用地占整个场地面积的 30% 左右。

2. 活动用地

1）活动用地的作用

活动用地能增加儿童之间的交流，丰富儿童的活动内容，让儿童能够充分认识大自然，在游戏的过程中增加知识。儿童的骨骼、运动机能是在游戏和运动中增长的，因此，充分的活动时间与足够的活动面积是必不可少的。

儿童的活动场地应当重视儿童视知觉的感知特性，在儿童的健康成长中，视觉、颜色、形体、空间、造型等几方面对其成长都有积极的作用。

2）活动用地的分类

幼儿园的活动用地分为室外班级活动场地和室外公共活动场地两种。

室外班活动场地是提供给幼儿园各班有组织进行游戏活动的场地，以班为活动单元，以老师为中心进行组织。班级活动场地应设在相对独立的地段，毗邻活动室，并以矮墙或篱笆作为分隔。班活动场地与使用人数，活动性质等因素有关系，一般按照每班 30 名儿童计算，班活动场地为 60～80m²。

室外公共活动场地是提供给全园儿童进行集体游戏或大型集会的场地，一般的室外公共活动场地设有 30m 跑道、沙坑、泳池、大型滑梯、攀登墙等游戏活动设施及种植园、饲养角等，这些设施的种类选择以及空间的布置直接影响着幼儿园的吸引力，可根据用地条件等情况合理配置。

室外公共活动场地的面积不宜小于以下公式计算：

$$室外共用游戏场地面积(m²) = 180 + 20(N-1)$$

注：180、20、1 为常数，N 为班数（乳儿班不计）。

3）室外活动场地的布置

（1）室外活动场地应有充足的日照和良好的通风条件，满足儿童的生理卫生要求。

（2）根据总体布局特点，室外班活动场地可分为毗连式、集中式、枝状式和分散式和屋面式。

① 毗连式。班活动场地和班活动室相毗连，使得室外活动场地成为班活动室延伸的一部分（图 3.15）。室外班活动场地一般位于建筑的南侧，以便获得良好的日照条件及冬季阻挡寒风；班与班之间的活动场地宜用矮墙、绿篱或篱笆相隔。

② 集中式。当建筑物外墙面较短，各班活动场地与建筑物相连时，可在南端或端部集中设置（图 3.16）。各班活动场地虽然相对集中，但也要做好相应的分隔，以免班与班之间产生干扰，同时要避免交通路线的交叉，做好相对独立性。

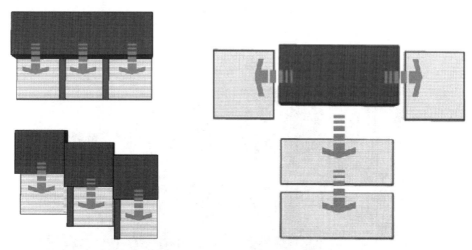

图 3.15　毗连式班活动场地示意图　　　　图 3.16　集中式班活动场地示意图

③ 枝状式。当建筑物呈肋形分布时，班活动场地呈枝状自然的布置于建筑庭院之中（图 3.17）。这种布置方式围合感较好，有较好的独立性，同时能在冬季时阻挡寒风，但冬季阴影较多，要考虑能满足日照和通风要求的建筑间距。

④ 分散式。当班级数较多而建筑物分散布置时，相应的班活动场地也较分散（图 3.18）。

这种做法使得班级活动场地具有较强的独立性，避免了相互之间的干扰，同时也容易满足日照、通风的条件。

图 3.17 枝状式班活动场地示意图　　　　图 3.18　分散式班活动场地示意图

　　⑤ 屋面式。在用地紧张的情况下，利用屋面作为室外班活动场地是一种很好的途径（图 3.19）。可以利用建筑物顶层天面或底层建筑屋面平台及二层阳台合设为班活动场地，还可以通过退台的手法为同层提供班活动场地，既丰富了建筑的造型特点，也为儿童的游乐场所增加了趣味性。由于屋面式做法涉及高楼层，在设计的时候应做好相应的安全措施，如设置安全护栏或宽绿化带，护栏不应设水平分隔栏杆，竖向栏杆之间的距离不应大于 0.11m，以防儿童钻出去而发生意外。例如图 3.19 所示的越南宝成农场幼儿园，建筑设计类似过山车形态，屋顶为连续的弧形菜园，为儿童提供种植经验，以及一个安全的户外游乐场。

图 3.19　屋面式班活动场地示意图(越南农场幼儿园)

　　(3) 室外公共活动用地的布置是幼儿园的重要部分，包括：30m 跑道、沙坑、泳池、游戏墙、游戏场地、器械活动场地等(图 3.20)。

图 3.20　室外公共活动用地(法国巴黎彩虹幼儿园)

　　儿童喜欢在幼儿园的室外活动场地玩耍嬉戏,因此,活动场地的设计需要留出空间布置各类利于儿童健康发展的游戏区域。例如,平衡区、钻爬区、球类区、情景游戏区等活动场地。平衡区主要设计平衡木、跷跷板、梅花桩等器械,儿童可以在上面玩耍,锻炼其平衡能力。滑梯是平衡区最主要的游戏器械,对儿童来说具有挑战性和刺激性,不仅锻炼儿童的肌肉发展,同时也增强了他们勇气。钻爬区主要设置山洞、钻圈、爬网、软垫等器械,锻炼儿童的钻爬能力。

　　(4) 活动用地的一项重点工作就是安全性设计,建筑师要充分考虑到各种游戏设施的安全性,设计各种安全防护措施来保障儿童的身心健康。例如,游戏器械要安全牢固,尽可能采用表面光滑形状带圆角的材料,器械之间保持一定距离,避免发生碰撞;攀登场地要铺设弹性叠层,利用沙地、草地来降低器械坠落所带来的损害。

　　3. 景观绿化用地

　　景观和绿化是户外环境的主体,是塑造幼儿园充满自然、艺术情趣的重要因素,景观绿化用地为幼儿提供了休憩和认识自然的场所,场所内应考虑以下几个方面。

　　1) 地形

　　在场地设计时应尽量保留和利用原有地形,因地制宜。假如原有地形是一个小山丘,设计时则应有足够的缓冲区域,并加以阶梯或坡道,长长的阶梯不仅丰富了场地的变化,同时也为儿童的游乐增加了趣味性。假如原有地形是一个小山坑,设计时则可以考虑做成水池或沙坑,充分利用地形的原有外貌,地形的高度变化可提供许多活动的机会。

　　2) 植物

　　一定面积的绿化可以改善幼儿园的小气候环境,降低空气湿度,调节温度,减弱太阳辐射热,降低风速等,同时,绿化可以帮助儿童亲近自然,让他们在成长的过程中也增长知识。因此,一定面积的绿化在幼儿园的场地设计中是必不可少的。

　　在原有地形中,高大的树木应尽量予以保留,以高大树木为主体,周边配以大面积的花坛灌木和草坪绿化,再加上自然怡人的小路,小尺度的铺装材料,降低高度并富有童趣的座椅，从而形成一个丰富而又多变的绿色景观空间。除此之外，幼儿园与外界环境的围墙也可以通过植物来增加趣味性，围墙可以用篱笆墙代之，并在篱笆墙和防护网的两侧栽植花草树木，从而形成一个垂直的绿化空间，围墙也就成为了景观环境的一部分，儿童可以通过植物的变化感知季节的变迁以及环境所带来的变化。但应注意场地内严禁有毒、有刺激性带刺的植物。其中，常见的有毒植物和过敏性植物有夹竹桃、一品红、虞美人、马蹄莲、五色梅、飞燕草等(图 3.21)。

(a) 夹竹桃　　　(b) 一品红　　　(c) 虞美人

(d) 马蹄莲　　　(e) 五色梅　　　(f) 飞燕草

图 3.21　常见有毒植物和过敏性植物

3）水

3～6 岁的儿童都喜欢亲近大自然，在场地设计中，水的融入能给儿童带来积极的作用，因此，设计师应把水这一环境因素考虑到户外的场地设计中去，简单而富于变化的叠水，宛若天成的池塘，不规则的泳池、蓄水池、小河、溪流、喷泉等。关于水的元素都可以充分融入到幼儿园的户外环境中，不仅能发展平衡生态的环境，同时也给儿童提供了一个游玩的空间。

此外，在水的设计时也应充分考虑到儿童的使用安全。池塘岸边应有相应的安全措施，以防儿童失足，具体方法可把驳岸设计成由浅至深、坡度十分平缓的坡道或台阶作为涉水区，还可以将室外的一部分地面用面砖倾斜一定角度来铺设，形成一片凹入的地面，让儿童踏入这些面砖时都有一个警示的作用。

4）标志物

人在探路的过程中起决定作用的是场所意象，由此可知，在幼儿园的场地设计中，可以借鉴这一意象性，增加场所里能被儿童容易感知和记忆的环境要素。

根据大门以及建筑的风格造型、材料质感，可制造不同富有个性、新颖有朝气的标志物，使之与整个园区的整体环境相协调。儿童能够通过各种各样的线索，如颜色、形状、嗅觉、听觉、光线的变化来构建他们心中的环境标志点，从而熟悉和记忆环境。诸如风车、雕塑、钟楼等具有鲜明色彩以及特殊形状的标志物能够吸引儿童的注意。

4．后勤用地

后勤用地是为儿童日常生活提供服务的室外用地，它用来存放杂物，进行蔬菜食品的粗细加工、晾晒衣物等，很多准备工作都可以在后勤用地里面进行。

后勤用地的设计应符合以下要求。

（1）后勤用地的入口应与幼儿园的主入口分开，应保持一定距离，避免路线的交错。

（2）后勤用地主要为厨房、锅炉房、洗衣房等服务用房，因此，这些房间应自成一个组团空间，布置在总平面图中较为隐蔽的地方，并且应位于建筑的下风侧。

（3）后勤用地必须与儿童活动场地严格分开，以避免儿童擅自闯进厨房、锅炉房、洗衣房等服务用房。

（4）后勤用地与其他场地之间应该用篱笆或矮墙相应隔开，或者由建筑主体部分围合成半封闭的院落。

（5）紧靠在后勤用地的一面不要布置儿童用房。

5. 交通用地

交通用地是沟通幼儿园各个部分的重要环节，包括了道路、入口广场、停车场地等。道路包括了园内人行道和机动车道；入口广场主要是方便家长等候和接送儿童；有些服务半径较大、用地面积有余地的幼儿园还可在自身用地设置供家长和教师使用的停车场地，用于停放机动车和非机动车。

很多幼儿园，特别是临近道路的幼儿园，往往忽略了入口广场的重要性，缺少足够的道路和园区之间的缓冲空间，加大了幼儿接送进出的危险性，而且也容易造成幼儿园入口地段的交通拥堵。因此，在幼儿园入口应留出一定的场地作为入口广场，便于家长接送幼儿，同时起到安全缓冲的作用。

3.2.2 场地布局的基本形式

幼儿园应根据设计任务书的要求对建筑物、室外游戏场地、景观绿化用地、后勤用地及交通用地等各种功能区域进行总体构思和布置，做到功能分区明确，既要方便使用，又要便于管理，还要有利于组织交通疏散。

幼儿园的场地布局关键是要处理好建筑与活动场地两者之间的关系，要做到布局设计灵活多变，方便幼儿体育、文艺、交流、体验等活动的展开。

按照幼儿园的用地划分特点，场地布局分为以下6种基本形式(图3.22)。

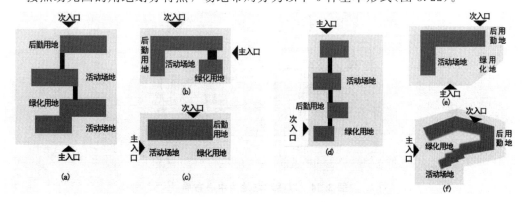

图 3.22 场地布局的 6 种基本方式

1. 建筑物占据场地中心位置，将场地分割成不同的功能区[图 3.22(a)]

这种布局方式的优点是，幼儿园生活用房能占据场地内最佳位置，有良好的日照和采光条件，主体建筑呈枝状或分散式组合，适用于用地面积较宽绰的时候。建筑主体占据场地中央，利用建筑布局分割出儿童活动场地、景观绿化场地以及后勤用地。爱沙尼亚塔尔图的乐天幼儿园，建筑主体呈花瓣状布置，将方形场地分割为 6 块大小不一的功能区（图 3.23）。

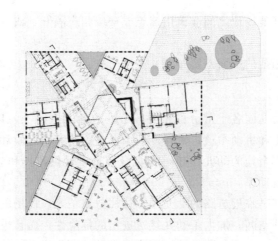

图 3.23　建筑物占据中心布局

2. 以活动场地为中心，环绕布置建筑各功能区域[图 3.22(b)]

这种布置方式可以应用在用地面积有限的条件下，建筑沿用地周边布置，围合出集中的、面积较大的室外活动场地，但会产生部分东西向的房间，要注意妥善处理好东、西晒的问题。南北向布置的建筑物能阻挡冬季西北寒风对室外活动场地的侵袭，利于幼儿在冬季展开室外活动。

如图 3.24 所示为位于泰国曼谷的肯辛顿国际幼儿园。三个主体建筑物以自由的形态三面围合出一个同样自由形态的中心庭院，庭院同时是孩子们的跑道。

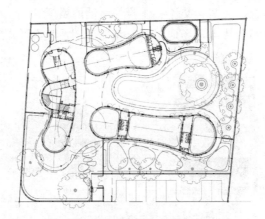

图 3.24　以活动场地为中心布局

3. 建筑主体和活动场地呈南北向布置[图 3.22(c)]

这种布局方式适用于用地南北向较短、东西向较长的情况,其优点是无论建筑还是活动场地,都能获得良好的日照,而且幼儿各生活用房向南视野开阔,利于幼儿心理健康发展。

此种布局方式宜将主出入口设在用地东端或西端,以避免人流穿越室外游戏场地,但相应会产生园内道路过长的问题。如果因场地限制,必须将场地主要出入口设在南面时,此种布局方式不易组织各班级室外活动场地,可以通过建筑设计创造屋面活动场地来解决。

4. 建筑主体和活动场地呈东西向布置[图 3.22(d)]

这种布局方式适用于用地东西向较短、南北向较长的情况。建筑主体应尽量布置在西半端,留出东半端给室外活动场地,以获得良好的东南风,并在一定程度上阻挡冬季西北风(图 3.25)。

图 3.25 东西向布局

5. 建筑主体和活动场地各占据用地一角布置[图 3.22(e)]

这种布局方式宜使建筑主体呈 L 形布置在用地的西北角,留出东南角布置室外活动场地。主体建筑与活动场地的功能关系有机而紧密,容易体现个性突出的幼儿园建筑环境特色(图 3.26)。

6. 因地制宜的布局方式[图 3.22(f)]

此种情况应用于地块不规整以及用地局促的情况下,幼儿园的建筑物用地、活动用地根据场地地形的特点而加以设计,既丰富了场地的功能,又增加了趣味性。如图 3.27 所示为东莞厚街幼儿园设计方案总平面,该项目用地不规则,建筑沿着用地主要轮廓布置,除了围合出中心活动空间外,也在用地南侧留出专门的儿童游乐设施场地,还利用建筑物的架空平台来营造半室外的活动空间。

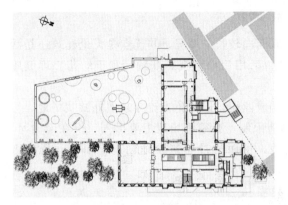

图 3.26　建筑主体和活动场地各占一角

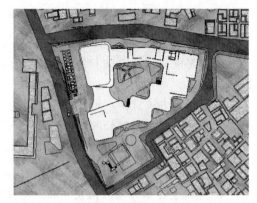

图 3.27　因地制宜布局

 本节知识要点提醒

在幼儿园的场地布局中，要特别关注建筑主体和活动场地的布局。保教用房通常要布置在东南—西南一线。活动场地的布局要和保教用房有良好的共生关系，使教室和室外场地的不同功能区域组合成为一个完整的密不可分的整体。这种良好的整体关系需要同学们在空间布局阶段反复构思、修改。

3.3　建 筑 形 体

所谓建筑形体，是指由建筑内、外部空间所构成的形状和体量，是构成建筑空间的三维物质实体的组合，反映了建筑物的类型、性质、特征、风格、科技水平和特定社会背景等。每种建筑类型都有其独特的形体表现形式，有什么样的内部空间，就有什么样的外部形体，例如政府办公楼、商业建筑、宗教建筑等。这就是为什么我们所看到的建筑物并没有贴上标签，却能区分出"这是一幢幼儿园"或"这是一幢医院"的原因。

建筑的外部形象是幼儿园建筑的外衣，良好的建筑形体能引起幼儿的注意和认同感，能使儿童产生印象、形成观念、丰富思想以及培养情感。建筑形体是产生外部形象的第一步，应根据幼儿园建筑的特征、规模等选择适合的形体组合。

3.3.1　幼儿园建筑的形体特征

幼儿园的服务对象是儿童，其建筑形体处理上应考虑儿童的心理，要有亲切的建筑体量感。从功能上看，幼儿园每一班组活动单元自然独立，具有独特的建筑功能特征。设计师不宜随心所欲地进行纯形式构图，而要受到建筑自身内在规律的制约，使幼儿园建筑形体具有以下明显的特征。

1. 建设规模小、体量不大

幼儿园建筑相对于其他公共建筑来说，其建设规模小，空间体量不大，除了音体室体量相对较大外，其他功能内部空间均为较小空间，因此，其建筑形体以轻巧为主，不会以高大体量的姿态出现。

2. 建筑楼层低、形式舒展

幼儿园建筑相对于其他公共建筑来说，层数要低矮得多，一般在三层以下。这是从使用、管理和安全等角度去考虑的。其建筑形体以水平舒展形式为主。

3. 设施比例小、尺度小巧

幼儿园的主要服务对象是幼儿，而非工作人员，因此其形体从体量到细部尺寸处理都应该符合幼儿的使用要求和审美尺度。

4. 造型趣味多、活泼新奇

幼儿园建筑一般以幼儿作为观赏的主体，其形体应具有活泼的特征，体现温情、个性、童真，符合幼儿的性格。因此，幼儿园建筑形体常应以"新奇、美观、简单、温馨"的个性风格来取悦幼儿，外表流露出童话中的造型，使幼儿一眼就能够识别出来，并久久难以忘怀。

3.3.2 幼儿园建筑形体美学原则

建筑不但要满足人们一定的功能使用要求，还要满足人们精神感受上的要求。研究建筑形体的目的是为了使建筑具有整体的美感，同时又不失多样性与秩序性，因此需要用美学的基本原理对建筑进行形体塑造。幼儿园建筑形体同样遵循着普遍的美学原则，其设计需要树立"辩证、发展、统一"的思路，从不同的角度去思考。

1. 相似与变形

相似是指物体的整体与整体、整体与局部、局部与局部之间存在着共通的因素，是形成整体感的重要条件。变形是对建筑基本形体要素作形态上的变化，表现为许多方面，如尺度、形状、位置、角度、虚实和高度等的变化。

幼儿园建筑外观的整体印象需要统一协调，单体设计需要追求变化，使两者能较完美地结合，以达到设计作品的完整性。如图 3.28 所示为斯洛文尼亚四叶草幼儿园，建筑首层由四片相似的叶子组成，每片叶子代表着一个独立的区域；建筑二层是变了形的接近于"8"字的叶子，属于行政部门。

2. 主从与重点

在由若干要素组成的整体中，每一要素在整体中所占的比例以及所处的地位，都会影响到整体的统一性。如果每一要素都争相突出自己，或者都处于同等重要的地位，不分主次，就会削弱整体的完整统一性。建筑物可以通过体量对比关系、虚实轮廓关系、流线关系等来表达主与从的构图形式。对称构图通常呈现出一主两从的关系，位于中央的主体不仅地位突出，而且还可以借助两翼次要部分的对比和衬托，形成主从关系非常分明的有机统一整体。

图 3.28　斯洛文尼亚四叶草幼儿园

　　近年来，由于建筑功能日趋复杂或受到地形条件的限制，采用完全对称的构图形式已不多。为此而多采用一主一从的形式使次要部分从一侧依附于主体。一主一从的形式虽然不对称，但仍能体现出一定的主从关系。

　　除此之外，突出重点也是体现主从关系的一种方法。所谓突出重点，就是指在设计中充分利用功能特点，有意识地突出其中一个部分，以此为重点或中心，使其他部分明显地处于从属地位，这也同样可以达到主从分明、完整统一的效果。幼儿园建筑中的音乐教室、多功能活动室等，可以作为建筑整体中的从属部分，或作为整个建筑群体中的重点部分，意大利博洛尼亚日托中心的班级活动室，采用彩色多孔铝板将该部分功能房突显出来(图 3.29)。

图 3.29　重点突出的活动室

3. 对比与微差

对比是指要素间显著的区别,微差则是指不显著的差异。对比可以借助彼此之间的烘托和陪衬来突出各自的特点以求得变化,微差则可以借助相互之间的共性来求得和谐。

在建筑设计中需要运用对比的手法来克服单调。建筑形体的对比通常是指大小、高低、横竖、曲直、凹凸、虚实、明暗、繁简、粗细、疏密、轻重、软硬、自然与人工、具象与抽象、对称与非对称等。建筑通过运用对比的手法可以取得个性突出、鲜明强烈的形象感。但过分地强调对比则会失去相互之间的协调一致性,有可能会造成混乱,这时候就需要结合微差的手法来取得互相呼应、谐调和统一的效果。

对比与微差的美学原则常用于幼儿园建筑形体设计中。奥地利的 Magk 和 Illiz ar-chitektur 合作设计的幼儿园建筑,通过立面上大胆鲜艳的颜色与白色墙面之间的强烈对比,以及矩形方框的大小差异,构成了建筑鲜明的活泼个性(图 3.30)。

图 3.30 立面方块的对比与微差

4. 均衡与稳定

地球引力场内的一切物体都摆脱不了重力的影响,从某种意义上讲,人类的建筑活动就是与重力作斗争的产物。人们在与重力作斗争的实践中逐渐地形成了一套与重力有联系的审美观念,这就是均衡与稳定。均衡是处理建筑形体视觉平衡感的手段。体量、数量、位置以及距离的协调安排是形成均衡的基本方法。均衡分为动态均衡和静态均衡。

静态均衡包括对称均衡和非对称均衡两种基本形式。对称的形式天然就是均衡的,加之它本身又体现出一种严格的制约关系,因而具有一种完整统一性。对称的形式具有安定感、统一感和静态感,可以突出主体、加强重点,给人以庄重或宁静的感觉。尽管对称的形式天然就是均衡的,但人们并不满足于这一种均衡形式,还要用不对称的形式来体现均衡。不对称形式的均衡虽然相互之间的制约关系不如对称形式那样明显、严格,但要保持均衡的本身,也就是一种制约关系。与对称形式的均衡相比较,不对称形式的均衡要轻巧活泼得多。

除静态均衡外,还有不少现象是依靠运动来求得平衡的,这种形式的均衡称之为动态均衡,呈现了建筑形体的稳定感与动态感的高度统一,这是一种从静中求动的建筑形式美。和均衡相关联的是稳定。如果说均衡所涉及的主要是建筑构图中各要素左和右、前和后之间相对轻重关系的处理，那么稳定所涉及的则是建筑物整体上下之间的轻重关系处理。

均衡与稳定是建筑体量构图上的一个比较重要的问题，符合均衡与稳定的原则，不仅在实际上是安全的，在感觉上也是舒服的。

如图 3.31 所示的幼儿园，位于日本长滨市郊区。学校是一个单层的结构，运用了大片透明的落地玻璃窗，以数片黄色实墙面相间，再配上出檐很大的白色混凝土水平屋顶，屋顶以上的圆锥形是朝向不同的光井，将光线吸入室内空间。水平向的屋顶稳稳地压在透明的房子上，那些像烟囱般的光井从远处看别具一格，均衡地分布在屋顶上。

图 3.31　日本长滨 Leimond 幼儿园

5. 节奏与韵律

自然界中许多植物或现象，往往因有规律的重复出现或有秩序的变化，激发出人们的美感。

韵律就是指建筑构图中的有规律的重复和有组织的变化，使空间重复和变化形成有节奏的韵律感，从而给人以美的感受。在幼儿园设计中，我们经常用到连续、渐变、起伏、交替等韵律和节奏。

（1）连续韵律。就是以一种或几种组成成分连续、重复地排列，各要素间保持着恒定的距离和关系，强调连续运用和重复出现的有组织排列所产生的韵律感、节奏感。

（2）渐变韵律。即连续的要素在某一方面按照一定的秩序而变化，例如逐渐地变宽或变窄、加长或缩短、变密或变稀等。这种韵律的构图特点是：常将某些组成部分，如体量的高低和大小、色彩的冷暖和浓淡、质感的粗细和轻重等，作有规律的增减，以造成统一和谐的韵律感。例如我国古代塔身的变化，就是运用相似的每层檐部与墙身的重复与变化而形成的渐变韵律。

（3）起伏韵律。是在渐变韵律的基础上，按照一定规律时而增加、时而减小，有如波浪之起伏，或具不规则的节奏感而形成的韵律。这种韵律较活泼而富有运动感。

（4）交错韵律。其各组成部分按一定规律交织、穿插而形成。在建筑形体设计中，运用体量大小、空间虚实、细部疏密等手法，使各要素互相制约、一隐一显，表现出一种有组织的变化，形成一种丰富的韵律感。

以上4种形式的韵律虽然各有特点，但都体现出一种共性，就是具有明显的条理性、重复性以及连续性。借助于这一点，不但可以加强整体的统一性，还可以求得丰富多彩的变化。如图3.32所示为苏州白塘一号幼儿园，建筑由一条中心通道串联在一起，每个教室分别在两侧散开，呈现出连续重复的韵律。

图3.32　苏州白塘一号幼儿园

6. 比例与尺度

任何物体，不论呈何种形状，都存在着长、宽、高三个方向的度量。比例研究的就是这三个度量之间的关系问题。所谓推敲比例，就是通过反复比较而求出这三者之间最理想的关系。

与比例相联系的另一个范畴是尺度。尺度研究的是建筑物的整体及局部给人感觉上的大小印象与其真实大小之间的关系问题。

在处理建筑形体的比例和尺度时，要注意建筑物的整体、局部及细部之间的大小关系，运用人们习惯的尺度相对感。不同的尺度处理，会产生不同的艺术效果。例如幼儿园的入口、门窗，因其尺度较小，可以设计成亲切玲珑、让人产生参与感的形式。

如图3.33所示为由法国事务所 Evasamuel Architecte 设计的位于巴黎的 Javelot 幼儿园的内部实景照片，可以看出窗户尺寸和室内的家具尺度较小，这是以小孩的身高标准及生活所需空间来设计的。这种适应使用者尺度的窗户，也影响了形体外观的尺度（图3.34）。

53

图 3.33　法国巴黎 Javelot 幼儿园的内部实景

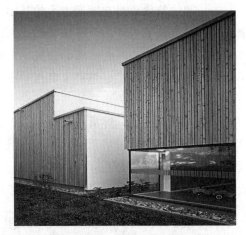

图 3.34　Javelot 幼儿园外景

3.3.3　幼儿园建筑的形体设计手法

幼儿在成长过程中对外界事物的理解，以几何图形和明亮颜色的感知力为最强，因此，幼儿园建筑的形体构图上可以多用曲直对比、方圆对比，以及单一几何图形的重复序列。我们可以通过一系列的形体设计方法，来营造丰富有趣的幼儿园造型，激发幼儿园小主人的好奇心以及融入感。

幼儿建筑的形体设计手法多种多样，不拘一格，一般有以下几种。

1. 母题式

重复是幼儿认知的最有效途径。母题式就是重复地运用某一种形体要素，通过大小、高低等变化，使建筑既整体统一又具有一定的相异性，从而形成容易识别的、活泼新颖的幼儿园建筑。

适合幼儿园建筑的母题常采用几何形体。其中，圆形母题因其线形的流动感而特别符合幼儿好动的性格；六角形母题则在体量衔接上较自然，既易于处理功能布置，又利于连接再生；三角形母题因其锐角空间难以适应室内家具配置以及幼儿园建筑个性的表达，不适宜作为母题进行建筑造型设计。

如图 3.35 所示为一所由日本修平远藤建筑工作室设计的名为 Bubbletecture M（泡泡M）的幼儿园。它位于日本滋贺县，其周边是新建的住宅区。混凝土盒子由一个个连续、相似的木头屋顶连接为一体，犹如一个巨大的壳，充满了结构美感和几何连续性。屋顶用连续的三角形平面构成七个泡泡状壳体，其结构强度和形状的连续性有很大的自由度。屋顶使用 2.5m 长的木梁和六角形的金属（接头）配件，先在工厂预制再到现场装配。

在这个远望如泡泡的屋顶下是几个屋顶连在一起的水泥房，水泥房与圆形屋顶组合在一起，规则而又富于变化，形成一个富有表现力的幼儿园建筑。

2. 主从式

这是大多数幼儿园建筑形体的设计手法。幼儿建筑功能大体上可以分为三部分：一是

图 3.35　日本滋贺县泡泡状幼儿园

数量较多的由活动室、卧室和卫生间及衣帽储藏室等组成的单元式的分班生活用房；二是公共活动用房，可根据各个幼儿园的建园特色，设置音体活动室、美工室、科学发现室、图书室等需要高大空间的活动用房；三是成人专用的办公室、厨房等辅助空间。为配合这种建筑功能特征，很容易就形成一主一从的建筑外部形体。通常，班数多的幼儿园可以分班活动室作为建筑主体，公共活动室和辅助空间就附设于主体旁边；而班数较少时，公共活动用房的体量就相对显得高大，这时可以设计出体量与分班活动室拉开距离的建筑形体，而辅助空间则可以结合公共活动用房一起设计或者单独设计成与分班活动用房体量相似的形体，从而重点突出公共活动用房的造型特色。

　　如图 3.36 所示为哥伦比亚的埃尔波韦尼尔幼儿园，它的整体设计看起来像是装有六个旋转模块和一个大盒子的容器。其主体建筑形体由椭圆形围墙、多个儿童活动用房及相应的室外活动场地组成，而附属建筑则是椭圆形外面的由大盒子和五角星形的围墙组成的成人区，包括会议室、办公室和厨房。

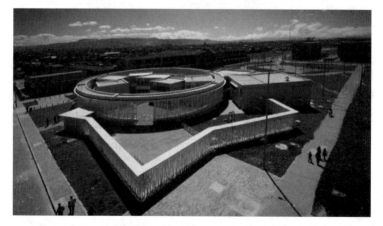

图 3.36　埃尔波韦尼尔幼儿园

3. 搭接式

拼接式形体包括积木造型以及构成造型。积木是儿童熟悉和喜爱的玩具之一，幼儿通过搭积木的游戏能够丰富想象力，培养创造性，以及逐渐理解各种图形。把积木造型进行适当加工和提炼，并结合平面功能，在建筑的立面设计、门窗细部、建筑单体的结合部等环节营造积木搭接效果，可以设计出富有"童趣"的建筑形体。这不仅容易被幼儿认知，而且也是有别于其他公共建筑形体的一种独特表达方式(图3.37)。

图 3.37　乌鲁木齐南路幼儿园

但是现代幼儿园建筑已经跳出上述传统的积木形体设计手法，而是运用现代构成设计手法，将简约的几何形体和醒目的色彩构成相结合来表达幼儿园建筑的形象(图3.38)。不同体块和不同色彩的项目组合，构成了幼儿园建筑造型与众不同的鲜明个性。

图 3.38　黄泥山幼儿园效果图

4. 童话式

幼儿对于童话故事特别钟爱，我们可以从他们喜爱的童话故事中的城堡、塔楼、乐园等建筑语言中寻找形体设计灵感。幼儿一方面在童话式的建筑里受系统的幼儿园教育；另一方面在建筑环境的潜移默化中受到美的熏陶，能获得更多的快乐。

运用这种形体设计手法时，要注意把握好小尺度的比例关系，在屋顶和墙面的形式构成上可以适当地运用夸张的手法，从而使建筑形象更加童真化。

5．抽象式

为了适应场地，设计中经常在有限的幼儿园空间内，将建筑形体设计成抽象造型。这不但为建筑设计师提供了充分想象和发挥的空间，也使幼儿园建筑产生了奇异且实用的独特造型。正因为这样与众不同的形体才深深吸引着幼儿的关注，使儿童以此为豪。

如图3.39所示为泰国的Kensington国际幼儿园。该幼儿园的设计宗旨是激发孩子的想象力去更好地利用空间。因此，需要一个自由抽象的造型去吸引孩子们的注意力。设计通过弧形的墙面形成不可测量的空间，出乎意料的活动往往会在这里发生。

图3.39 泰国的Kensington国际幼儿园

6．具象式

幼儿好奇心很强，看到街上的小狗在互相追逐、草地上的小兔子在吃红萝卜、动物园里的猴子在爬树等，都会有冲动想走近去抓住或者抚摸那些动物。

用可爱的动物的具体形象来设计幼儿园造型，无疑是切合儿童心理的。但在设计时，要注意结合建筑内部功能，将各个功能空间较好地分配到具体形象的各个部位。

如图3.40所示为德国Wolfartsweier的猫形幼儿园，其设计灵感来源于知名艺术家Tomi Ungerer最喜爱的动物——猫。该建筑中，猫嘴是门，猫眼是窗，猫肚是更衣室、教室、厨房与餐厅，头部则是娱乐场，尾巴是紧急逃生通道，头顶上还有草坪以模仿猫的皮毛。到这样有趣的幼儿园上学，孩子们一定会很开心。

图3.40 德国猫形幼儿园

7. 延伸式

延伸式包括生态自然环境的延伸和文脉的延伸两种。

为了与周边环境协调统一，设计师会采用周边景物的延续和夸张的手法。如图 3.41 所示为西班牙萨拉戈萨公园里的幼儿园，该幼儿园坐落在一片非常广阔的绿地中。设计师极其尊重这些随四季变换呈现不同景致的树木，竭力把两个狭长的体块"穿梭"在绿色植物中，建筑物也以嫩绿、草绿、深绿、灰白等色彩为主，作为树林各种植物颜色的延伸。

图 3.41　西班牙萨拉戈萨公园里的幼儿园

基于我国的情况，多数幼儿园都位于居民区或者建筑物较为密集的区域。为了与周围的建筑物协调统一，幼儿园造型常选择延续周边或小区建筑物风格，体现文脉的延伸。

8. 韵律式

节奏和韵律是建筑设计中必不可少的部分。幼儿园建筑即使只运用最简单的方盒子形体，但在方体的墙面上应用了色彩和构件的韵律变化，也能创造出儿童喜爱的效果。如图 3.42 所示的斯洛文尼亚可可幼儿园扩建部分就是一个很好的例子。外围的墙是用木板制成的，一面涂成 9 种鲜艳的颜色，另一面保留木材的原色。这些木板如同百叶窗的叶片，可以绕着中间的金属轴转动。孩子们在转动木板的玩耍中辨识不同的颜色，感受木头的天然质感，木板构件不同的方向、角度形成了不一样的韵律感。多姿多彩互动的设计既解决了学校缺乏游戏用具的问题，又改变了幼儿园的外观。

图 3.42　斯洛文尼亚可可幼儿园扩建部分

利用幼儿园具备多个重复的活动单元的建筑特征，在设计构思中按照一定秩序排列这些活动单元，是形成韵律式建筑的又一种简单易行的方法。如图 3.43 所示为大连某幼儿园建筑模型和平面图，该设计中数个活动室采用统一的近似椭圆体组合成有韵律感的主体，辅助用房则以扭曲的长方体造型连接在主体建筑的西北面，做到统一中有变化。

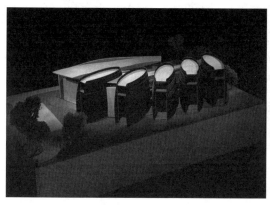

图 3.43　韵律排列

 本节知识要点提醒

幼儿园建筑的外观是吸引幼儿的第一印象，也是持久留在童年回忆中难忘的画面，直接影响着幼儿的好奇心、求知欲、安全感、认同感、归属感等一系列情感的衍生，其重要性不言而喻。幼儿园建筑形体具有体量不大、形式舒展、尺度小巧、活泼新奇等独有特征，遵循着相似与变形、主从与重点、对比与微差、均衡与稳定、节奏与韵律的普遍美学原则，其形体设计手法多种多样，主要包括母题式、主从式、拼接式、童话式、抽象式、具象式、延伸式和韵律式等。我们在进行幼儿园建筑形体设计时，可以综合运用多种美学原则，选择适合的设计手法来构思。

3.4 场地内外交通与室外设施

3.4.1 出入口位置选择

出入口是幼儿园联系场地内外的交通要道，确定其位置是幼儿园总体布局首先要考虑的。出入口的选择一方面要受到周围道路的现状和外界环境制约，同时又要受到幼儿园总平面设计构思的影响。总平面设计确定出入口位置时，要同时综合考虑上述内外两个制约条件，以保证幼儿园与外界道路方便、安全的衔接，并成为内部功能流线合理的起始点（图 3.44）。

1. 主出入口

主出入口是供家长接送幼儿、保教人员进出、幼儿出入及对外联系之用。其位置选择

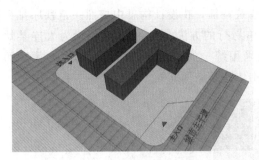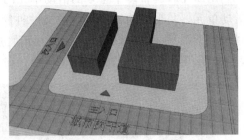

图 3.44　幼儿园主次出入口位置选择

应便于家长接送，避免交通干扰，一般应避开城市主干道布置，布置于城市次干道，若主出入口布置在城市主干道，则主入口应退一定距离，避开车辆和人流汇集地段。

一般来说，主出入口的设计应形成入口广场区域，保证集散、接送、等候、停车等，并应与建筑入口有直接联系，但入院路线应避免穿越儿童活动场地，防止幼儿教学活动受到外界干扰，同时避免在接送时间对城市机动车道路造成拥堵。

2. 次出入口

次出入口是主要供后勤人员及物资供应进出之用，应设于隐蔽处，一般优先考虑设置在主出入口另一个方向的道路上，以保证幼儿园的主要流线和辅助流线互不干扰，同时也能满足幼儿园对安全和卫生的要求。

如果幼儿园用地只有一个临街面，那么应注意尽可能拉开次出入口和主出入口的距离。小型幼儿园可不设次出入口，只设一个主出入口，但要注意使儿童出入与生活供应车辆两条路线分开，开辟去厨房、杂务院的专用车道。

3.4.2　园内道路

园内道路包括园内主道路和庭院小径等。

1. 园内主道路

园内主道路是指联系各功能分区的主要通道，也是园内的车行路。路宽不应小于3.5m，道路距建筑外墙距离不应小于3m。沿建筑四周的道路可兼做消防车道用。为节约用地，应尽量减少路面总面积。

2. 庭院小径

庭院小径的设计宜迂回曲折，富有趣味性，与用地地形相呼应，让幼儿有曲径通幽的感觉，从而有扩大庭院之感。在小径的设计中同时应考虑幼儿的安全，路宽一般为1.5~2m。

3.4.3　交通流线

幼儿园的交通组织，依据不同的空间组合方式各有特点。但总体的要求是便捷、有适当的趣味。

交通便捷是任何一个建筑设计的普遍要求。但是单纯的便捷也会带来空间的乏味,减少了行走的趣味性。因此,幼儿园的交通组织,应该是在便捷的基础上具有趣味性和多样性。

交通组织的趣味性,意味着交通联系中空间的多变,场景的变化会给幼儿带来视觉趣味;交通组织的多样性,意味着不同的路径可以走到同一个地方。这种殊途同归的心理体验对于幼儿来说,有着特别的暗示。例如,可以选择自己喜欢走的路径、一个问题可能有多种解答方案等,尤其是当不同路径对应着不同的空间尺度或空间主题时,它带给幼儿的空间体验效果就更为生动有趣。

1. 尽端式交通组织

尽端式交通组织的起点和终点十分明确,它们的起点可能在场地中相连,形成枝状;也可能终点不相连,起点也不相连,各流线在场地中各自独立,与不同的入口和外部环境相连。这种交通组织的优点是流线明确独立,不相互形成干扰,可以使不同区域有各自独立的流线系统与外部联系,避免不同区域之间的交叉穿越(图 3.45)。

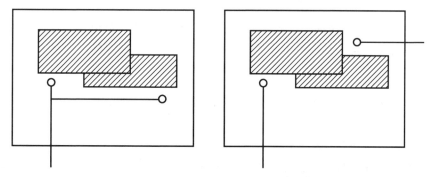

图 3.45 尽端式交通组织

2. 环绕式交通组织

环绕式交通组织是一种常见的交通组织方式,是以一个闭合的环路围绕建筑物而设计(图 3.46)。这种交通组织方式能有效到达场地内各个不同分区,但存在道路占地面积大的缺点。

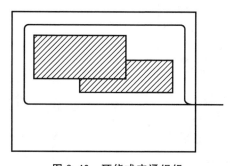

图 3.46 环绕式交通组织

3.4.4 停车设施

幼儿园的停车设施主要包括机动车停车场、非机动车停车场和临时停车位等。服务对象主要为校车、幼儿园的教师及工作人员用车，另外在条件允许的情况下，最好能考虑家长接送幼儿的临时停车设施设计。

1. 容量

幼儿园的机动车停车位容量取决于使用需求，一般以建筑面积或学生规模作为计量单位。大城市幼儿园一般每 $100m^2$ 建筑面积配置 0.15～0.2 辆机动车停车位较为合适。以深圳市为例，主要项目配建停车场停车位指标以学生计算，每 100 名学生配置 0.5～1.2 个车位，并每 2 个教室设 1 个路旁港湾式小型客车停车位。出入口在上下学时间的拥堵，是众多规划建成时间较久远的幼儿园的共同问题。同时，我国的幼儿园一般设置在小区内部，狭窄的小区路和停车场地的缺失，对小区居民的日常外出也造成诸多不便。

需要指出，停车设施的设置依据除了以当地规划部门的有关规定为准外，当地居民人均家庭拥有小汽车数量也是一个重要的参考数据，根据实际情况做出调整。

2. 布局要求

根据停车设施服务对象不同，将幼儿园的停车设施分为人员服务和后勤服务两类。

1）人员服务

这类停车设施主要包括校车停车设施、教职工停车设施、临时停车设施等。人员服务主停车设施既要方便人员使用，又要避开主入口大量的学生、家长人流。因此，很多幼儿园将停车设施设置在入口附近，并与人行区域有一定分隔，这样的停车设置既能满足教职工需求，又能为接送幼儿的家长提供临时停车服务。场地面积足够时，最好能将停车场设置在此入口附近，主入口仅作为临时停车场地，以降低人车混流的可能性（图 3.47）。有条件时可每 2 个教室设 1 个路旁港湾式小型客车停车位，供校车停泊（图 3.48）。

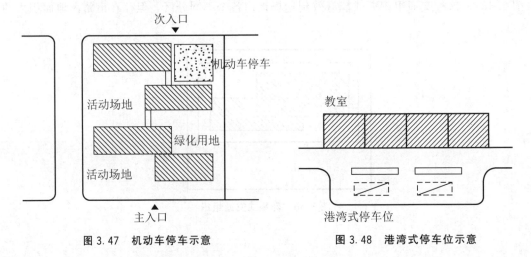

图 3.47 机动车停车示意　　　　图 3.48 港湾式停车位示意

例如日本东京都小平市 NAOBI 幼稚园，将停车场设置在入口门厅北面，并以矮墙相隔，就是将入口与停车设施服务布置在一起的做法(图 3.49)。

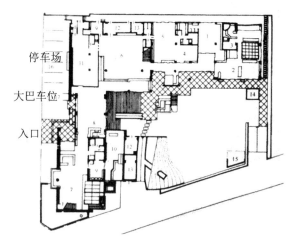

图 3.49 机动车停车示意

2）后勤服务

这类停车设施应靠近厨房、仓库等后勤用房，以方便货车、垃圾车等的停放。有条件最好能与人员服务类停车场分开设置并有独立出口，场地紧张的情况下可与人员服务停车场一并设置，但应考虑货车和校巴的停车位。有时候也将后勤服务停车场和教职工的车位结合，与家长接送用的临时停车场分开设置。

例如，日本岐阜市 WAKABA 第三幼稚园，就将停车场设置在入口一侧，主要作为家长停车和临时停车用，而车库作为后勤服务和教职工停车使用，靠近库房(图 3.50)。

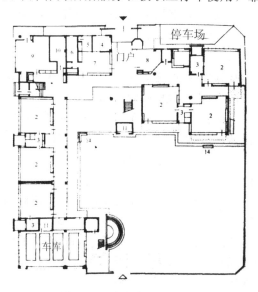

图 3.50 港湾式停车位示意

3. 安全问题

为保证幼儿的安全，幼儿园停车设施设计建议注意以下几点：尽量人车分流，在布局方面最好能有单独机动车入口连接到停车场，避开主入口家长和学生人流，可以考虑设置外部与内部的缓冲区域，例如入口前厅；保持可见性，在停车场内安装足够数量的照明，避免出现隐蔽处，植被和雕塑等不应成为驾驶员视线障碍物；设置限速与警示，用限速平台或是地面突起等设计方法限制停车场内部机动车驾驶速度。

3.4.5 室外设施

室外设施是供给全园儿童进行集体游戏的，一般有 30m 跑道、沙坑、泳池、大型滑梯和攀登墙等游戏设施，这些设施的种类选择以及空间布置直接影响着幼儿园的吸引力。

1. 室外设施的设计原则

1）趣味性与安全性并重

儿童喜欢在幼儿园的室外活动场地玩耍嬉戏，因此，活动场地的设计需要留出空间布置各类利于儿童健康发展的游戏区域，例如：平衡区、钻爬区、球类区、情景游戏区等活动场地。平衡区主要设计平衡木、跷跷板、梅花桩等器械，儿童可以在上面玩耍，锻炼其平衡能力。滑梯是平衡区最主要的游戏器械，对儿童来说具有挑战性和刺激性，不仅锻炼儿童的肌肉发展，同时也增强了他们的勇气。钻爬区主要设置山洞、钻圈、爬网、软垫等器械，以锻炼儿童的钻爬能力。

活动用地的一项重点工作就是安全性设计，设计师要充分考虑到各种游戏设施的安全性，设计各种安全防护措施来保障儿童的身心健康。例如：游戏器械要安全牢固，尽可能采用表面光滑、形状带圆角的材料，器械之间保持一定距离，避免发生碰撞；攀登场地要铺设弹性叠层，利用沙地或草地来降低器械坠落所带来的损害。

2）注重年龄段的区分

不同年龄段的幼儿有不同的活动设施需求，年龄小的幼儿宜设置操作简单、安全性高的游戏设施，而年龄大的幼儿则宜布置稍微激烈、趣味性强的游戏设施，以利于他们的肌肉及身体发展，同时开发智力。基于这种年龄差异，在室外场地划分和游戏器具选择时，宜动静结合，保证场地划分的合理性，避免互相干扰；要满足游戏器具在"静态游戏器具"和"动态游戏器具"数量比例上的平衡分配。

3）注重性别的分区设置

根据男孩和女孩的生理和心理特点，在室外活动中，男孩倾向于运动量大、运动方式激烈的游戏项目，如攀爬架、滑梯等；而女孩则倾向于安静的游戏项目，如扮家家或观察动植物等。这就要求在室外游戏场地的设计中，除了布置开阔的游乐设施场地外，还应适当地设计适于女童成群聚集的小空间或者小院落，为其提供领域性强的空间。

4）考虑设施的缓冲空间

不同的活动设施之间应当有适当的缓冲空间：一方面起到安全的作用，防止孩子们在游戏过程中相互碰撞和摔伤；另一方面可以方便幼儿作短暂停驻和交流。一般的做法是采用橡胶地板或草地等。

2. 室外设施的类型

1) 作为建筑形体的延伸

有时，室外设施是建筑形体的延伸，相互补充、相互渗透，弱化空间的界限，将环境的室外空间引入建筑内部，同时也把建筑的室内空间向室外延伸。

如图 3.51 所示是日本 Tezuka Architects 建筑事务所最近完成的"Ring Around A Tree"项目，该项目是始建于 2007 年的日本立川富士幼儿园的附加建筑。新建的幼儿园毗邻原有的幼儿园，里面的空间环境不仅作为英语教室使用，同时也作为该幼儿园的校车车站。

图 3.51　日本 Ring Around A Tree 幼儿园的扩建

建筑物藏于树木之间，打破了室内与室外、建筑内部与自然环境之间的界限。七块交错相连的楼板包围在大树中间，半暴露的结构被中心大树的枝叶所覆盖。出于安全的设计，设计师在地面上也覆盖了一层橡胶垫，这样就可以避免幼儿嬉戏碰撞时所带来的伤害。玻璃立面包围的是两个通透的课室，里面放着古色古香的桌椅，给幼儿一种清新的学习环境。

2) 作为活动场地的主题

在幼儿园用地内划分出不同主题的室外设施场地：一方面使场地内布局明确；另一方面能加强幼儿对主题的喜爱感和归属感。

一般器械游戏场地是必需的，应该尽量提供丰富的器具设施，使儿童在游戏中获得认知、动手和交往能力，主要的器具设施包括组合滑梯、攀爬架、小迷宫等。

在场地空间的面积允许时，应该在场地中种植不同种类的植物，或者在场地的角落营建小植物园、动物园、水池等，以便幼儿观察不同树形以及在四季中不断变化的植物叶子和花朵，同时也可以观察依托在植物中生长的各类小动物。此外，场地北侧种植树木还可以阻挡冬季的北风。

 本节知识要点提醒

这一节我们了解到幼儿园的场地布局，首先要考虑主次出入口的位置，然后在场地内解决好交通流线，可以采用尽端式或者环绕式，停车场设置应注意停车容量以及布局设计。最后，认识到幼儿园室外设施应遵循趣味性与安全性并重、注重年龄段的区分、注重性别的分区设置、考虑设施的缓冲空间等设计原则，并了解到室外设施可以作为建筑形体的延伸，或者是活动场地的主题。

3.5 整体构想的概要性表达

所谓概要性表达，就是在方案前期的构思阶段，简约、明了、快速地表达出自己的思路。在每个项目的开端，设计者的脑海中往往会因场地不同的状况和条件，产生出若干个不同的思路，这种情况下概要性表达就变得非常重要，通过概要性表达我们可以总结出自己脑海中的各种思路与想法，并理顺场地条件下可以产生的各种可能性。

在项目的立项阶段，业主及使用对象的需求各有不同，而且后续合作的承包商、工程师、经济学家等也会提出相应的专业要求，各种各样的条件织成一个巨大条件网（图 3.52）。前期的概要性表达能有效地以简单的表达方式描述各种可行性，从而在前期阶段把条件和需求理顺，让项目的后续阶段进行得更加流畅。

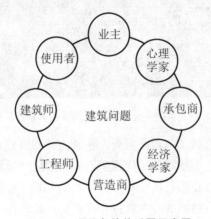

图 3.52　项目条件关系网示意图

3.5.1　概要性表达的步骤

整体构想不是一蹴而就的，而是需要经过一个反复思考再定案的过程（图 3.53），这需要借助概要性表达的手段来帮助我们去分析，一般要经过以下几个步骤才能完成。

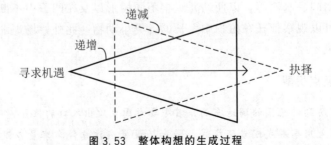

图 3.53　整体构想的生成过程

1. 罗列出各种可行性

在项目前期，大部分设计者总会烦心各种思路和想法，其实不然，我们大可把精力放在罗列选项上面，因为人们往往对选择题产生好感。如何把本来的问答题改变为选择题，我们首先要做的是绘画数个初步的设计草图，作出试探性的推敲。

初步的设计草图往往能传达设计师的直觉和自信。为了获得效果良好和直接的草图，用笔必须轻快、舒展。草图本身应该是愉快的创造过程的产品，并不要求成为一幅完整的成品。草图中寥寥几笔线条就能产生效果。如图 3.54 所示为现代建筑派大师勒·柯布西耶在构思斯特拉斯堡某工程时的设计草图，他把该工程可能的平面形式用简单的线条勾勒了出来，再进行比较。

图 3.54　斯特拉斯堡某工程的构思图

在进行幼儿园设计时，我们一开始可以根据地形图及主要功能组成形成初步印象，用简略的线条勾勒出几个可能发展的平面布局组合及其对应的建筑形体。

2. 选择并优化可行性

上一步已经罗列出多个可供发展的初步构想草图，接下来就是选择一种可行的草图方案并进行优化。在优化过程中我们可以通过图解变化来获得更好的方案。

图解变化有助于设计创造性的发挥。随着对设计任务书的深入理解，建筑师应沉浸在问题之中，熟悉各项不同的需求、脉络和形式。有待解决的问题一旦深深印入头脑，就可以从可能的解决办法着手，通过变化现有的方案形象试图克服前一阶段的不足之处（图 3.55）。

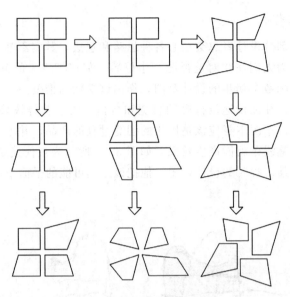

图 3.55　图解变化示意图

在这一步，需要将方案构思优化到更符合设计任务书的要求。重新再阅读一次设计任务书以及翻查相关参考资料是很重要的，因为在补充信息的过程中，能为修正之前的方案草图提供线索。

3. 逆转思路，补充方案

经过了前两步的探索，方案已经基本定型。但是，没有任何方案在前期的阶段就是完美的，通过逆向思路我们可以反观我们的方案是否有更多的可补充性，在这一阶段我们要做的是转换自己的思维，情况类似于图底的关系(图 3.56)。

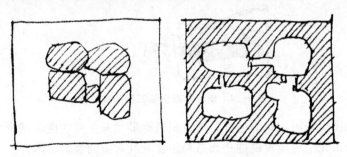

图 3.56　斯特拉斯堡某工程的构思图

如果前一阶段我们主要从建筑出发考虑方案，现在就需要将建筑作为底、场地作为图来考虑，修正之前没有考虑到的场地问题。反之，如果前一阶段考虑了场地关系，现在就需要在场地关系的基础上更深入地考虑建筑功能布局。

对于幼儿园设计也是如此，如果一开始强调的是建筑形体的可能性，到了这一阶段就应该把建筑形体放到场地内考虑，以建筑所占的场地为图，方案则会得到新的补充；反之先考虑场地后考虑建筑亦然。

4. 整理思路，完善设计

在经过了罗列可行性、选择并优化、逆转思路 3 个阶段后，很多建筑师会定稿并准备绘制出设计图纸以用作汇报。这时候，我们需要把前面的思路整理清晰。确定哪些草图是最终需要用来表达设计师的意图的，不够完善的草图再加以修饰或者重绘，力求能让业主看得明白。

3.5.2 概要性表达的深度要求和注意事项

表达的目的在于交流，建筑师拥有属于自己的语言。在总体构思阶段，设计师有了自己的设计理念和初步的场地布局、建筑造型的想法后，要用图纸和文字来表述设计意图。

1. 概要性表达的深度要求

1）对任务书的理解

一个建筑设计任务一般都有设计任务书，幼儿园的设计应该由理解设计任务书开始。设计任务书会以文字和图形的方式展示出来，为设计师提出了明确的设计目标、设计要求及设计内容，因此，在设计一个建筑的时候，我们应该要认真理解设计任务书的内容，全面审题，深入理解设计任务书所给予的设计条件、设计要求和设计信息，抓住设计的核心问题，同时把握各个设计细节的要求。

设计任务书的内容通常包含建筑用地所规定的容积率、建筑密度、绿化率、总建筑面积及各个建筑功能的面积要求等，还会附带建筑用地的地形图、区位图、规划图，这些附图通常包含建筑用地的道路红线、建筑控制线、保留树木、等高线等信息，所以在设计的初期阶段一定要认真阅读。根据这些文字要求和附图条件，经过消化理解后可以转换成图形来表达初步的想法，画出功能泡泡图、用地条件分析图等。

2）方案构思分析

理解设计任务书后，下一步就是对任务书所包含的信息进行分析，以便进行下一步的设计，抓住主要矛盾，进行设计构思。我们应该从以下几方面进行分析和思考。

（1）对建筑用地周边环境条件的分析。

① 地理环境、区位环境、室外环境。

② 朝向、景观：界面控制。

③ 主次出入口的确定。

④ 交通流线的安排组织：车流、人流、物流。

⑤ 与周边原有及新建的建筑之间的相互关系。

⑥ 建筑形态的环境影响：空间体量的组合、空间界面的围合、建筑对周边环境的影响。

（2）对建筑空间的分析。

① 各功能空间的相互联系要求，对于功能复杂的建筑需要制作泡泡图。

② 各功能空间的面积分配，可以用大小不同的方块图来表示。

③ 各功能空间的开放程度，空间对内和对外的关系。

④ 各功能空间的朝向要求，主要和次要房间的要求。

⑤ 各功能空间的净空要求，以及与之相适应的用地标高。

⑥ 各功能空间的动静要求，如休息室需要远离噪声源，音体室可以靠近相对吵闹的地方。

2. 概要性表达的注意事项

（1）选择合适的比例。各个分析图、概念图之间都应有一定的比例关系，选择的比例应最适合表现最主要的部分。过小的比例会让人看不清设计者的意图，过大的比例又会花费设计者更多的绘图时间，妨碍思考进度。

（2）图量的齐全。建筑设计是以图说话为主的，齐全的图量至少应包括总平面图、平面图、剖面图、效果图。以图纸本身来对设计进行有效的阐述，并通过完整的图纸验证设计意图是否可行。

（3）注意构图。构图是设计表达很重要的一部分，应将各个图在同一画面中组织成统一的整体，以引起人们的注意，充分传达设计者的信息并给人以艺术吸引力。

3.5.3 实例分析

建筑设计的构思是一个循序渐进的孕育过程，在概要性表达阶段，首先应阅读设计任务书、理解用地内外环境，画出大致的功能分区图，形成具备合理交通流线的总平面图，以分析图、轴测图、透视图等方式来表达设计概念。

1. 阅读设计任务书

拟在广州一居住小区内新建一所六班规模的幼儿园，以满足区内幼儿入学要求。用地地势平坦，具体地形如图 3.1 所示。

总平面应解决好功能分区，安排好出入口、停车场、道路、绿化、操场等关系。建筑层数宜为 1～2 层；活动室应有适宜的形状、比例及自然采光、通风；平面组合应功能分区明确，联系方便，便于疏散。建筑应对空间进行整体处理以求结构合理、构思新颖，解决好功能与形式之间的关系，处理好空间之间的过渡与统一，创造适合幼儿性格、成长的特色空间。

具体要求如下。

（1）总建筑面积控制在 1800m² 内（上下浮动不超过 5%）。

（2）面积分配（以下指标均为使用面积）：

① 生活用房。活动室 50～60m²/班；卫生间 15m²/班；音体活动室 90～120m²。

② 服务用房。医务保健室 10m²；晨检室 10m²；资料及会议室 15m²；教工厕所 12m²。

③ 供应用房。隔离室 8m²；办公室 12m²/间、2 间；传达及值班室 12m²；储藏间 10m²；寝室 50～60m²/班；衣帽储藏间 9m²/班；厨房主副食加工间 30m²；副食库 15m²；主食库 10m²；冷藏间 4m²；配餐间 10m²；消毒间 8m²；洗衣间 18m²。

2. 分析任务书及地形图，画出场地分析图

由地形图可以看出，用地北面和西面分别是小区主干道和次干道，幼儿园的主入口可以考虑放在西面以避开车流。用地东西向较长，建筑主体及活动场地适宜呈南北向布置。而用地南面是一间小学的运动场地，幼儿园的活动场地正好可以布置在南面，将两个动的区域放在一起，同时，活动室能面向南面，以获得充足的阳光。用地的北部可以布置办公用房、音乐活动室等，起到一定的隔音作用，为幼儿园提供一个幽静的内院环境。用地的东端有一处凸出去的小用地，正好可以满足后勤用地的需要(图 3.57)。

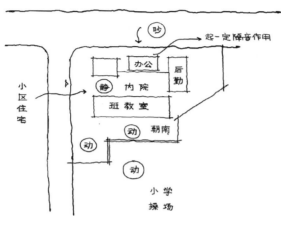

图 3.57　场地分析图

3. 画出总平面设计草图

分析完用地条件后，即可以进一步画出总平面布局草图，解决好总平面所需要的主次入口位置、场地内交通流线以及大的功能分区关系。在功能分区图的基础上，可以用不同的色块表达出不同的分区，再用粗线条描出不同人群的使用路线(图 3.58)。

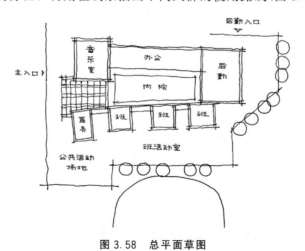

图 3.58　总平面草图

4. 表达建筑造型设计意向

随着对用地环境和建筑功能的深入理解和分析，以及总平面建筑布局的确定，基本的建筑形态已经在脑海中初步形成。这时需要选取一定的角度来表达建筑造型意图。通常，轴测图对于建筑初学者来说是比较容易掌握的。对于本案例，建筑形体在方形的基础上做了少许变化，将一些直角变成了圆弧面，并且把本来水平布置的分班活动室做成错位而连续的形态（图 3.59），为幼儿园建筑带来了活泼的元素。除了轴测图外，还可以添加一些小透视图，以更清楚地表达出设计想法。如图 3.60 所示为本案例的主入口透视草图，强调出该幼儿园建筑的主入口处内凹形成通高两层的灰空间，以一种"欢迎"的姿态表达出建筑的个性。

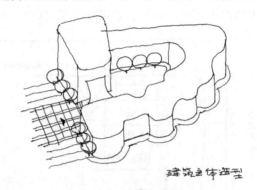

图 3.59　形体轴侧草图

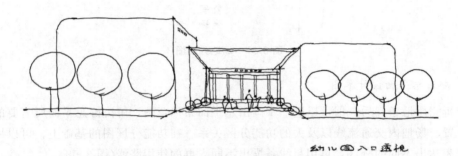

图 3.60　入口透视草图

5. 将建筑造型反馈到总平面布置

在进行建筑造型构思时，由于形体美化需要，有些地方往往会偏离原先的总平面草图布局，这时就需要将建筑造型和总平面布局结合起来一起考虑，综合得出一套对应的设计图。

幼儿园建筑设计的一草阶段主要应解决好总平面布局和建筑造型意向两个问题，接下来的二草阶段就要掌握更多的信息，以进行详细梳理和深层次的思考，并进一步细化和丰富建筑方案。

3.6　本设计阶段相关规范

3.6.1　现行幼儿园设计规范摘录

摘录自《托儿所、幼儿园建筑设计规范（试行）》（JGJ 39—87）。

第2.2.1条　托儿所、幼儿园应根据设计任务书的要求对建筑物、室外游戏场地、绿化用地及杂物院等进行总体布置，做到功能分区合理，方便管理，朝向适宜，游戏场地日照充足，创造符合幼儿生理、心理特点的环境空间。

第2.2.2条　总用地面积应按照国家现行有关规定执行。

第2.2.3条　托儿所、幼儿园室外游戏场地应满足下列要求。

一、必须设置各班专用的室外游戏场地。每班的游戏场地面积不应小于60m²。各游戏场地之间宜采取分隔措施。

二、应有全园共用的室外游戏场地，其面积不宜小于下式计算值：

室外共用游戏场地面积$(m^2) = 180 + 20(N-1)$

注：（1）180、20、1为常数，N为班数（乳儿班不计）。

（2）室外共用游戏场地应考虑设置游戏器具、30m跑道、沙坑、洗手池和贮水深度不超过0.3m的戏水池等。

第2.2.4条　托儿所、幼儿园宜有集中绿化用地面积，并严禁种植有毒、带刺的植物。

第2.2.5条　托儿所、幼儿园宜在供应区内设置杂物院，并单独设置对外出入口。基地边界、游戏场地、绿化等用的围护、遮拦设施，应安全、美观、通透。

第3.1.7条　幼儿园的生活用房应布置在当地最好日照方位，并满足冬至日底层满窗日照不少于3h(小时)的要求，温暖地区、炎热地区的生活用房应避免朝西，否则应设遮阳设施。

3.6.2　《托儿所、幼儿园建筑设计规范(征求意见稿)》

本规范主要修订的内容如下。

（1）由于取消了托儿所部分内容，规范名称拟改为《幼儿园建筑设计规范》。

（2）本次修订将规范的使用范围扩至城镇和农村新建、改建、扩建的幼儿园。

（3）增加了术语。

（4）增加了室内环境的有关技术内容及规定。

（5）取消了原规范第三章第三节"托儿所生活用房"。

（6）在有关章节中增加了安全保障方面的相关规定。

（7）增加了有关环保、节能等方面的内容。

随着国家的进步和人民生活要求的提高，1987年出版的旧有规范明显已经不再适应时代的发展和使用的要求。

值得注意的是幼儿园建筑设计规范的使用范围扩至城镇和农村新建、改建、扩建的幼儿园。这点在设计中是尤为重要的，类似这样的专项规范务必先了解清楚适用范围，并在适用范围内严格遵守制定规范的要求。这项适用范围的订立，主要是针对目前大部分未及格或一些在当时临时搭建的幼儿园，新规范的明确也为大家在设计一些小城市、小城镇等地方性幼儿园提供了必要的设计依据。

新规范中关于室内环境的规定，对使用者起到了极大的保障作用。在过往好多幼儿园中经常会出现采光、通风等一系列违背人居要求的情况，新规范的出现，让大部分幼儿园更加符合人居环境。例如过往很多二级城市的幼儿园是设在住宅楼的裙房采光通风条件极差，在得到规范性的要求后，这种情况将会得到良好的改善。

新规范中一些增加安全保障方面的相关规定，设计师们务必要谨记，幼儿园因为使用者的不同所以有别于一般的建筑设计规范，在设计前必须先熟读一些重要的尺度，例如梯级高度和宽度、扶手高度等，并且要了解一些幼儿园使用的基本流程，这样将对设计具有重大帮助。

小 思 考

人的性格和世界观是在最初的一段时间，即儿童时期形成的。幼儿园的生活经历在个人的成长过程中毫无疑问发挥着潜移默化的作用，但父母的教育对幼儿人格的影响同样重要。目前，我国大多数幼儿园都进行封闭式教育，家长把孩子送到幼儿园门口便离开，缺少了学校与家庭之间的沟通。因此，我们在进行幼儿园场地设计时，除了幼儿专用的活动场地外，是否还可以设计出一些亲子活动场地，为家长和幼儿提供更多的欢乐。

习 题

1. 幼儿园不适宜种植哪些植物？
2. 幼儿园场地有哪些基本的布局方式？
3. 幼儿园建筑有哪些常用的形体设计手法？
4. 应如何选择幼儿园的出入口位置？
5. 概要性表达有哪些步骤？

第4章
建筑空间布局与构形

【教学目标】

主要讲述幼儿园整体建筑空间布局的基本规律和方法。通过本章学习，应达到以下目标：

(1) 理解幼儿园各个功能区域的空间分类。

(2) 熟悉幼儿园空间组织规律与布局的方法。

(3) 掌握幼儿园教学单元的各类空间组合。

【教学要求】

知识要点	能力要求	相关知识
幼儿园空间分类	(1) 熟悉幼儿园功能分区 (2) 掌握基于不同功能的空间分类 (3) 掌握整体建筑的总平面分区	(1) 幼儿园功能分区方法 (2) 室外场地的功能 (3) 后勤流线
幼儿园空间组织	(1) 掌握整体建筑空间的不同组织方式 (2) 掌握幼儿园的日照要求 (3) 理解幼儿园的通风	(1) 幼儿园整体空间组织方法 (2) 幼儿园日照与通风
幼儿园教学单元空间组合	(1) 熟悉不同空间组合的特色 (2) 掌握教学单元的各类空间组合 (3) 掌握整体交通流线组织	(1) 内部空间组合 (2) 外部空间组合 (3) 不同空间组织的交通流线

基本概念

后勤区域、办公区域、室外活动区域；廊道式、院落式、风车式、放射式、自由式、日照、通风；廊道式的内部空间组合、中心式的内部空间组合；无围合的外部空间、半围合的外部空间、单个全围合的外部空间、多个全围合的外部空间；尽端式交通组织、环绕式交通组织。

引例

从一个幼儿园建筑设计的周期来看，包括了任务解读、规范学习、场地分析、空间布局、建筑细节设计和设计表达等内容。本章主要讲述在建筑用地的场地分析完成后的幼儿园空间布局。

在布局幼儿园空间时，需要对园内各个功能用房做一个大致的划分，明确主入口、辅助入口的位置，推敲各个功能区域可能的、最佳的空间组织形式。其价值判断的依据是：园内交通是否流畅、整体建筑空间是否生动、日照与通风是否满足要求等。此外，需要明确建筑和幼儿活动场地的空间关系。

在幼儿园空间布局确定后，继续推敲幼儿保教区域的建筑与空间布局设计。应针对幼儿、心理生理特点，在室内外空间的趣味性营造、建筑体量变化的处理上反复、仔细地多方案对比，选择并最终确定整体空间布局。

4.1 空间分类

幼儿园建筑的内、外部空间，按照功能和使用的特点大致可以分为：保教区域、办公服务区域、后勤区域、室外活动场地四大类型以及必要的交通空间。

4.1.1 保教区域

保育和教育是幼儿园的主要功能，因此该区域是幼儿园最主要的空间区域之一。保教区域的功能用房包括了每个班级的活动室和寝室、音体室以及其他一些特色教学活动用房，如绘画室、钢琴室、语音室、手工室等（这些特色教学活动用房并非幼儿园规范中的标准配置，简称特教室）。从幼儿园的使用特点分析，教学区域可以采用动静分区的方法和功能分区的方法加以区分，两种分区方法可同时使用，并将结果相叠加，以便设计时对保教区域的功能空间分类组合。

1. 动静分区

幼儿园在日常使用过程中，按照功能用房之间的声音互不影响的思路，可将幼儿园教学区域的主要用房按照动静来分区。其中，音体室在使用过程中会产生较大噪声，布局上在条件允许时，应独立设置，避免与班级课室共用墙体。音体室应以连廊与其他用房相联系。

2. 功能分区

在我国，按照国家规范，幼儿园要对幼儿进行有组织的教学活动和生活照顾。这种保教模式在具体实施中需要相互结合，不可分割，形成了幼儿班级的具有特色的功能设置与空间组合方式：通常情况下，由活动室、寝室、厕所、衣帽间（有些功能完备的幼儿园还包括储藏间）等用房组合成为一个班级单元。所有幼儿园的班级按照幼儿年龄分班，班级日常教学活动与生活各自组织实施，互相独立，互不干扰。

班级单元是幼儿园建筑特定的空间区域，是幼儿生活、学习、活动的核心空间区域。通常情况下，在幼儿园建筑中，所有班级单元应和音体室以及其他一些特色教学活动用房一起，组合在一个空间区域或一个复合空间区域中，该空间区域的交通组织应独立设置，与主入口有便捷联系，避免从办公区域或后勤区域穿行而过。这种空间组织形式反映在平面布局上，即保教区域通常由一个或若干个联系密切的院落构成，形成一个单纯或复合的、相对独立的空间区域，与幼儿园其他功能区域有着良好的分隔和视觉上的分区。

近年来，国外的开放式的幼儿教学理念渐为人知。其核心理念是以幼儿为中心，强调幼儿智能、体能、技能、交往等能力的全面发育。其具体表现为：开放的、主题鲜明的教学环境，打破班级限定按照兴趣分组学习的方式等。

开放式的教学理念在一定程度上也影响了国内幼儿园的功能设置。除去原有的班级单元外，增添了一些特色教育用房和公共学习活动空间，如绘画室、钢琴室、语音室、手工室等功能室。这为幼儿在原有的班级活动之外，不限年龄而是按照兴趣选择其他的学习内容提供了场地条件。

这些特色教学用房应依照幼儿园总平面设计中确定的总体空间布局与构形特点，既可以采取较为自由、分散的布局方式与班级单元、音体室组合在一起，也可以成为保教区域中相对独立的空间单元，通过连廊等方式与该区域中其他功能用房连接。

4.1.2　办公服务区域

幼儿园办公服务区域包括两大部分：办公室、财务室、会议室、园长室、储藏间以及和幼儿密切相关的门卫室、晨检室、隔离室和保健室。由于功能不同，这两部分通常在空间布局上并不在一起。

办公服务区域应与幼儿园门厅有直接的联系，通常情况下除了门卫室、晨检室、隔离室和保健室外，其余办公用房可集中组合在一起，成为一个相对独立的区域。该区域应避免从保教区域或后勤区域穿行，但应与保教区、后勤区保持紧凑便捷的交通联系。

为便于使用，晨检室和隔离室会组合在一起且开门互通，布局在幼儿园门厅的主入口位置，以便对入园幼儿每日例行健康检查，发现患病幼儿即刻送入隔离室。隔离室对外直接开门，病儿待家长接回时有独立交通，避免交叉传染。保健室是为幼儿注射预防针及口服药物之处，也可布置在门厅的晨检室附近。

4.1.3　后勤区域

后勤区域包括幼儿园次入口、可停车的杂物院、主副食仓库、冷藏间、主副食加工（厨房）、配餐间、员工餐厅、消毒间、洗衣房等。该区域通常布置在幼儿园场地的下风口处，避免油烟困扰幼儿园内的其他用房。

幼儿园厨房的功能顺序通常是：主副食装卸→主副食仓库(需要时冷藏)→主副食加工→配餐→送餐→洗碗消毒。

洗衣房室外宜有开阔、日照充足的场地，便于晾晒衣物。场地不足时也可在天台晾晒。

在大多数情况下，幼儿的班级活动室兼作该班餐室，厨房备好的幼儿和教师用餐需由工作人员送至各个班级；幼儿园其他职员自行去配餐间取餐并在员工餐厅就餐。所以后勤区域应同时和幼儿园保教区、办公区保持相对紧凑，确保有遮蔽的交通联系。

4.1.4　室外活动场地

对于幼儿来说，各类室外游戏是最符合幼儿心理和认知水平的活动，也是幼儿学习的重要方式之一，因此，室外活动场地对于幼儿园来说尤为重要。

室外活动场地包括：室外班级活动区和室外公共活动区。其中，室外班级活动区指每个幼儿班级均需要的活动区域，用于各班级早操、课间操等集中活动之用。因为在使用上共时性的因素，不可与其他班级共用。每个班级的室外活动场地之间宜通过小型灌木分隔。

室外公共活动区指全园幼儿公共活动的区域，例如升国旗仪式、全园幼儿集中体操与活动、运动会等。设置内容包括 30m 跑道、集中活动场地等。30m 跑道宜南北向设置，避免眩光；集中活动场地应形状大体完整，避免太多异形而影响使用；其他如沙坑、水池等游戏设施等根据用地情况分散或集中布置，可利用公共活动区的边角位置。还可根据用地情况在室外公共活动区附近布置种植角、小动物园等。

室外游戏可包括多种游戏内容，需要特定的游戏设施。幼儿园的游戏设施可分为两类：一类是购置的成套器具设施，包括组合滑梯、活动器械、可穿行构筑、小迷宫等；另一类是自建环境设施，包括沙坑、水池、种植角和小动物园等。幼儿园应尽量提供丰富的游玩设施，使儿童在游戏中获得认知、动手和交往能力。

在场地空间的面积允许时，应该在场地中种植不同种类的植物，以便幼儿观察不同类别、不同形状的植物，以及在四季中不断变化色彩的植物叶子和形状各异的花朵，但应避免多刺和有毒的植物。良好的植被条件也有利于幼儿观察依托在植物环境中生长的各类小动物。场地北侧宜组合种植密实的灌木与乔木，可以阻挡冬季的北风穿行幼儿园区。

 本节知识要点提醒

本节我们了解了幼儿园中的空间分类，理解这些空间的功能和目的以及相应的一些基本常识。在幼儿园的这些功能中，同学们要特别理解幼儿保教区域和室外活动场地的设置。

在幼儿保教区域，要关注幼儿活动的基本规律，包括幼儿在保教区域的活动流线和生活习惯，以保证后续设计中保教区域平面功能组合的合理性、尺度的适宜性和空间的趣味性。

在室外活动场地，要关注场地所提供的活动内容的丰富性和空间的多样性。

4.2 空间布局

幼儿园建筑在我国通常有两种空间布局模式。

(1) 分散式布局。保教用房、后勤用房、办公服务用房各自分散独立布局，通过连廊将其组织在一起。这种布局模式的好处在于布局灵活、通风日照充足、互相之间干扰少，也便于分期建设。但不足之处是占地较大、用地不经济、管理也不便。在用地普遍紧张的现代城市，这种布局模式基本是不适宜的。

(2) 集中式布局。所有建筑通过空间组合的方式集中布局在一起，按照建筑的日照间距计算建筑体块之间的距离从而获得充足而合乎规范要求的日照，通过建筑体块的空间布局或建筑细部设计(如架空、洞口等)引导通风，从而达到既节约用地，又较好自然日照通风的目的。以上诸多优势，使得集中式布局在实践中得到最多的应用。

在集中式布局中，幼儿园若干建筑体块通过空间组织与设计形成多个空间区域，也通过特别设计的连廊、隔墙、绿化、铺地等方式辅助划分空间区域，形成各自具有领域感的场所空间。这些空间场所紧凑而分隔良好，区域界定清晰而彼此交通通达，空间之间闭而不死，具有良好的视觉限定和行走可达性。

在对幼儿园进行具体空间布局之前，首先要考虑几个重要的节点以及场地的适宜摆放位置，然后再根据幼儿园内部不同建筑的空间分类，对幼儿园场地进行大致划分。

4.2.1　入口

在幼儿园的空间布局上，首先考虑的节点位置应该是主入口、次入口的位置。

幼儿园主入口的位置应该交通便捷、视觉通畅、可达性强，但有条件时应该避免直接开在城市主干道上。主入口应后退道路形成足够的空间场地区域，避免家长接送幼儿时造成道路拥堵。

在可能的情况下，幼儿园主入口应避免开在用地北侧，以避免冬天的北风。南向是不错的选择，南向入口首先容易组织园内建筑体块之间夏天的通风，其次若室外活动场地设在南向，则益于家长直接观察孩子在室外场地的活动状况；但也有可能因为活动场地设在南向的缘故，导致幼儿入园后的交通流线较长。东向的入口也较为理想：一方面是因为避免了南向活动场地而使入园流线相对便捷；另一方面，早晨入学正是东侧阳光明媚之时，在入口处会形成生动有趣的光影效果，令建筑富有动感、趣味和生机。

主入口直接对应幼儿园门厅，所以主入口位置确定后，幼儿园门厅的位置也大致确定。

次入口是后勤用房专用入口。其位置首先应考虑货车的可达性，其次应考虑设置在幼儿园用地下风向位置。次入口内或外应安排适当大小的室外场地用于临时停车和临时堆放货物。

次入口直接联通后勤用房，所以次入口位置确定后，后勤区域的位置也大致确定。

4.2.2　室外活动场地

室外公共活动场地应朝南布置，保证幼儿活动时的日照。若布置在建筑北侧或内院，活动场地的面积计算则要扣除阴影区（按照各地的日照间距计算阴影区）。

幼儿室外班级活动区要靠近各自班课室来布置，课室的南侧场地、就近的屋顶平台都是不错的选择。

室外公共活动区要集中布局，并且和保教区域有便捷的联系。其他游戏活动场地则可以根据地形情况和建筑整体布局灵活布置，设在庭院或是建筑室外某个角落等不同的位置，但仍以靠近公共活动区为宜。

由于室外活动场地是幼儿之间交往的主要场所，因此，室外活动场地应该符合幼儿的心理特点。幼儿在活动中，对于空间也有私密性的要求，他们更喜欢别人找不到的私密空间，喜欢具有安全感的小尺度空间。因此，要避免过于空旷的室外场地，除了室外公共活动区以外，其余的活动设施与内容应尽量布置在不同区域，以小尺度、多变化、围合较好的空间场所为宜，以提高幼儿的空间归属感、安全感和活动兴趣。

种植角和小动物园一般布置在幼儿园的角落，其中小动物园以布置在下风口，且远离主入口为宜。

当幼儿园主、次入口，室外活动场地的位置确定后，保教用房、办公服务用房的区域划分相对容易确定。

4.2.3　保教用房

在幼儿园建筑空间的布局中，幼儿保教用房的布局尤为重要。保教用房的布局决定着全园整体布局的空间特征。首先，保教用房要尽量靠近主入口及门厅，避免过长的交通流线；其次，保教用房是幼儿全天各种学习、活动、休息的主要空间区域，应南北向布局，保证有充足的日照、采光和通风条件；最后，保教用房应该尽量集中布局，即使形成若干个小院落(中庭)，这些小院落(中庭)也一定要集中于一个相对完整的空间区域中，形成明显的空间聚合区域，以保证日常的管理顺利实施、交通的便捷和不同年级、班级幼儿的交往。

在大多数情况下，幼儿保教用房中的班级课室与寝室，连同衣帽间、洗手间是组合在一起设计的，成为一个较大的室内组合空间。在国家规范中，不同班级的这一组合空间的面积配置标准是一致的，因而可以把每个班级看作一个标准单元。从这个角度考虑，整个保教用房的布局设计可以看做是一个标准单元加连廊的组合设计。

保教用房所形成的空间区域对于幼儿的空间认知、心理和行为发育有着重要影响，因此，在空间布局中，应考虑围合出积极的、生动而灵活的外部空间布局，形成丰富、生动、有趣的空间形象，以及对幼儿形成积极的外部空间环境刺激。

4.2.4　办公服务用房

前面提到，我国城市的幼儿园宜采用集中式的布局。因此，办公服务用房通常在布局中都会和教学用房等组织在一个完整的建筑群体中，但会形成一个相对独立的空间区域，共同围合出幼儿园的内部空间。其中，晨检室、隔离室应组合在一起，靠近主入口的门厅设置，保健室也可布置在附近。其余的办公用房可按照整体布局确定的位置，灵活设置在一层或楼层。

4.2.5　后勤用房

在幼儿园集中式布局中，后勤用房直接连接次入口，最好能通过巧妙的空间布局，将后勤用房隔离在主要院落空间之外，或与其他功能用房以绿化的方式予以间隔。通过连廊联系其他功能用房。幼儿园功能空间分区示意图如图4.1所示。

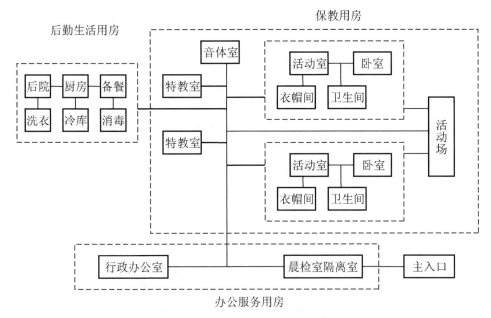

图 4.1　幼儿园功能空间分区示意图

📖✎ **本节知识要点提醒**

在幼儿园空间布局中，要特别关注出入口的位置和保教用房、活动场地的布局。保教用房通常要布置在门厅附近的东南—西南一线。活动场地的布局要和保教用房有良好的共生关系，使课室和室外场地的不同功能区域组合成为一个完整的密不可分的整体。这种良好的整体关系需要同学们在空间布局阶段反复构思、修改。

4.3　空间构形

幼儿园时期是儿童的启蒙教育阶段，一个幼儿园对于儿童来说就是一个小小的社会。在这里儿童除了接触同伴和老师外，还可以感知幼儿园的建筑与空间。丰富的空间形态可以给予儿童更多的体验和想象，启蒙儿童的认知思维。

幼儿园的空间质量高低，其建筑体块之间的空间构形是极为重要的环节。幼儿园的各种活动空间应该是层次多变，具有不同质感与素材的空间。不同的空间环境意味着新鲜而多样的故事的发生，激发幼儿对外部世界的无限兴趣。

因此，幼儿园的空间形态对儿童的心理和智力的影响是巨大的。整个幼儿园的空间要具有多样性和趣味性，使幼儿在整个幼儿园的每个角落，都可以被激发并维持各种兴趣。优质的空间形态对幼儿思维与行为的发展有事半功倍的作用。

本章主要讲述幼儿园建筑体块之间的位置关系和空间构形，以及这种位置关系带来的空间构形所形成的各种空间模式的特征。

4.3.1 幼儿园整体空间构形下的平面组织

幼儿园建筑的整体空间构形，以适应地形、日照充足、通风采光良好、交通便捷、功能分区明确、空间丰富且富有特色为准。

幼儿园整体空间的形成，依赖于适应用地特点的建筑平面的恰当组织。其核心是以幼儿班级单元和活动场地为重点，将幼儿园的各类功能用房加以恰当的组织，形成适宜的平面图形组合方式。这些多样化的平面图形组合，在内、外部空间上也有着各自鲜明的特点。因此，分析幼儿园建筑的空间构形，首先要分析幼儿园建筑的平面组织。不同的平面组织，具有不同的空间构形特点。

在幼儿园建筑的平面组织中，可以有如下几类平面组织方式。

1. 廊道式

廊道式平面构形的基本特点是：通过走廊连接各个教学单元(以外廊为主)和其他功能用房。这种以走廊组织功能用房的平面构形可以有多种具体的建筑形式，可以是整齐的条形、锯齿形、弧形，可以是单个条形的平面组织，也可以是多个条形组合的非围合的平面。

廊道式平面(尤其是外廊式平面)构形具有良好的日照通风条件，内部空间顺畅、交通便捷；外部建筑形态舒展、单纯，在关注到教学单元之间的体块关系时，容易较好地设计出单元组合的节奏感和韵律感；但若未能足够关注教学单元之间的体块关系时，则建筑形体容易处理得较为单调。

当幼儿园主体建筑是单个条形时，因其外部空间缺少围合，空间场所单调，场景不够丰富。此时需要借助场地外部其他建筑的围合(如果有)，或借助场地内植被的布局设计来二次限定空间。当班级较多时，内部流线过长而使交通不够紧凑。

当幼儿园主体建筑是两个及两个以上条形的组合时(几个条形平行或垂直布置，我们姑且称之为组合的廊道式平面)，可以形成较为多样化的室外空间场所，空间场景相对较为丰富。

例如，巴黎埃皮奈幼儿园(图 4.2 和图 4.3)，平行布置的建筑体块，限定出数个有别

图 4.2　巴黎埃皮奈幼儿园(鸟瞰)

于外面的安静空间，该空间的一侧面向水面，可以远眺对岸的乡村风光。而武汉光谷开发区永红幼儿园依据用地特点平行错落布置，同周边的建筑、绿化共同限定出三个不同方位、大小和比例的室外空间，并通过架空层将3个室外空间联系在一起，形成丰富的室外场景感，如图4.4～图4.6所示。

图4.3　巴黎埃皮奈幼儿园(内景)

图4.4　武汉光谷开发区永红幼儿园

图4.5　武汉光谷开发区永红幼儿园(东南角和西侧实景)

图4.6　武汉光谷开发区永红幼儿园(东南角活动场地和主入口实景)

2. 院落式

院落式平面构形的基本特点是：幼儿园建筑通过布局组合，围合出院落空间，有时连廊、片墙也参与在一起组成单个或多个院落空间。

单个院落式平面构形以全围合或三面围合的院落为特点，多个院落亦然。多院落往往通过局部开敞空间相联系，使院落之间有较好的视觉通透性和行动通达性。在满足当地日照间距要求的情况下，院落式平面同样具有良好的日照通风条件。而且，院落式空间限定完整，场所感强，当外部环境不理想时可以自成一体，场景内敛，但仍需要通过植物配置丰富空间层次。总体而言，院落式构形交通较为紧凑，可以较好地塑造出有别于外部环境的幼儿园的内部空间，适宜幼儿的户外活动。

院落式空间构形在南方地区要注意底层通风或引导内院通风，在北方地区要注意避免冬季的寒风。具体来说，就是幼儿园院落在夏季主导风方向尽量开敞；在冬季主导风方向尽量封闭。

院落式空间构形因为其所具备的完整、可塑性强的内部空间，可以避开外部复杂喧嚣的环境而自成一体，是大多数幼儿园建筑设计所采取的空间构形方式。

例如，西班牙格林纳达幼儿园由北至南布置了三重院落，走廊和院落交织在一起。每个活动室南北都有院落。从北面入口开始，穿过两个院落来到大活动室，又可见到开阔的大院子。这是一个有趣的空间体验过程。该幼儿园外墙封闭，内有乾坤，避开了外部的干扰(图4.7~图4.10)。

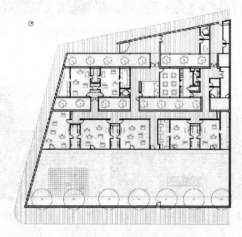

图4.7　西班牙格林纳达幼儿园(平面)

图 4.8　西班牙格林纳达幼儿园(天井)

图 4.9　西班牙格林纳达幼儿园(外观)

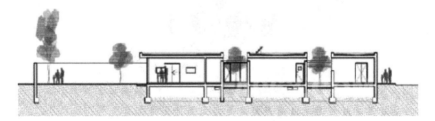

图 4.10　西班牙格林纳达幼儿园(剖面)

3. 风车式

风车式平面构形的基本特点是:教学用房或其他用房以门厅或一个枢纽空间为中心,向多个方向延伸。其中,标准的风车式平面构图是:由中心依次延伸出去的建筑平面互相垂直。

风车式平面构形具有较强的中心感,各教学用房既各自占有独立的外部空间区域,形成较强的专属区域,同时也与其他班级共同享有中心区域。

如果幼儿园用地较为宽裕,可以考虑采用体块延伸较为舒展的风车式平面。风车式的平面构形避免了单调的建筑形体组织,造型的可塑性较强。风车式平面交通相对紧凑,每个延伸的体块可长可短,适宜于不规则或地形有高差的场地。

风车式平面构形要注意教学单元的布置方向，尽量避免东西向布局。在开窗方向上要避免东、西向窗户，尤其是西向的大窗。

例如，挪威 Knarvik 幼儿园（图 4.11～图 4.13），其周边的自然景观完好，地形有高差。因此设计师最重要的一个设计理念是充分利用自然景观，尽可能融入自然色调。幼儿园利用地形特点采取不规则的风车式平面布局，使每个教学单元顺应地形且享有不同的自然景观。幼儿园外立面材料采用当地木板材，质地轻盈，色彩与环境高度融合。水平和竖向垂直排列的木板材组合成了窗户和阳台开口。

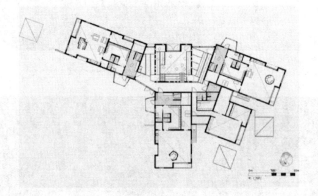

图 4.11　挪威 Knarvik 幼儿园（平面）

图 4.12　挪威 Knarvik 幼儿园（模型鸟瞰）

图 4.13　挪威 Knarvik 幼儿园（外部环境）

　　例如，奥地利 Guntramsdorf 幼儿园，该幼儿园位于一片栗子树林里，为了保护树木而采取了风车型的平面构形，表达了建筑与周围可爱环境的联系。教室由中心走廊发散排布，建筑体块舒展，每个体块分支都尽量在视觉上与树木相联系，形成了各不相同的、具有绝佳景色空间的场所(图 4.14～图 4.16)。

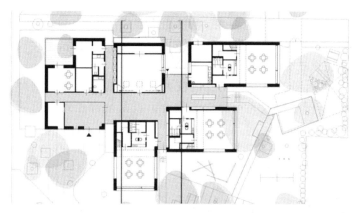

图 4.14　奥地利 Guntramsdorf 幼儿园(平面)

图 4.15　奥地利 Guntramsdorf 幼儿园(外观)

图 4.16　奥地利 Guntramsdorf 幼儿园(外观)

4. 放射式

放射式平面构形的基本特点是：教学用房或其他用房以某一点为圆心或中心，向外扩张形成圆形、半圆、扇形或其他多边形的平面组合。通常，这种组合方式会形成较大的中心内院或中庭空间。

放射式平面构形具有很强的向心感，功能用房连接直接，交通紧凑。放射式平面构形会形成多种建筑朝向，布局时需要注意将教学用房布置在东南向、南向、西南向。西南向布置的教学用房要注意夏季午后的遮阳处理。

该种构形方式因构图需要，往往占地较大。当场地形状不规则时，在布局时应因地制宜，可以通过不同半径或大小的建筑组合，或是局部相对自由的布局方式来适应场地。

放射式平面构形与院落式平面构形一样，属于内向的空间构形方式，且在总平面中显得更加自我，往往与外部环境之间缺少对话和联系，适用于较开阔且外部环境不佳的用地。

放射式平面构形内部空间紧凑，往往会出现空间单调、同质的问题。需要在布局时通过设置内部院落的方式改善和丰富内部空间，增强空间的辨识性和趣味性。

例如，丹麦 Lucinahaven Toulov 幼儿园，以中心门厅(也是幼儿园中央活动室)分别延伸出三个幼儿活动室、教工宿舍和餐厅，形成一个六角形几何系统，合起来形成一朵雏菊造型。雏菊黄色的花心部分，从中心延伸出来的是雏菊的花瓣，每个部分都有不同的绘画主题(图 4.17～图 4.19)。

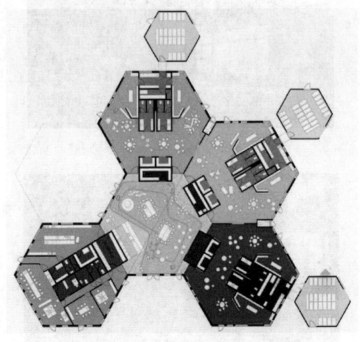

图 4.17　丹麦 Lucinahaven Toulov 幼儿园(平面)

图 4.18 丹麦 Lucinahaven Toulov 幼儿园 (鸟瞰)

图 4.19 丹麦 Lucinahaven Toulov 幼儿园 (外形)

再例如，爱沙尼亚 Lotte 幼儿园，以放射状布局形成六角星形，交通便捷。走廊绕着中央大厅，中央大厅下沉一楼地面约 1m，制造了一个舞台的效果，成为孩子们的游戏区（图 4.20～图 4.22）。它周围放射布局 6 个单一空间，6 个花瓣包含幼儿园家庭房间、创意教室、厨房、餐厅和行政办公室。这个放射的星形布局使得室内采光充足。

带有小块的有色玻璃的混凝土侧墙和与建筑同高度的竹篱笆，使幼儿园建筑本身从外面的世界隔离出来。

该幼儿园是 2009 欧洲建筑密斯·凡·德·罗奖提名作品。

大连亿达集团幼儿园则为非典型的放射状布局，特点在于为保障教学单元的良好朝向，其中心调整为一个线性通道。教学单元的重复出现使得该幼儿园有很好的韵律感（图 4.23）。

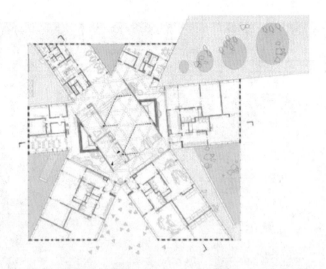

图 4.20　爱沙尼亚 Lotte 幼儿园(平面)

图 4.21　爱沙尼亚 Lotte 幼儿园(鸟瞰)

图 4.22　爱沙尼亚 Lotte 幼儿园(中心大厅)

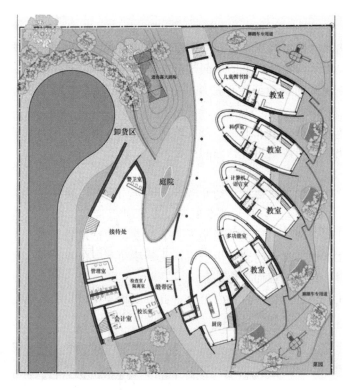

图 4.23 大连 亿达集团幼儿园(首层平面)

而挪威 Solrosen 幼儿园以一个中央的圆形空间为主核组织空间(图 4.24)。该幼儿园形似金盏花的花瓣,不同大小用途的体块像扇子一样从中心向四周发散,使得教学、生活、后勤、办公等不同功能的空间自然分离。

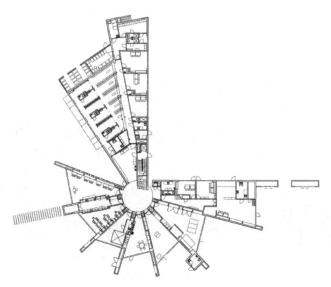

图 4.24 挪威 Solrosen 幼儿园(首层平面)

5. 自由式

自由式平面构形的基本特点是：教学用房和其他用房以自由灵活的平面组合方式组织在一起，通常会包括了两种及以上的平面构形方式（如廊道式与院落式混合构形）。该平面构形可能是适应不规则的场地或地形的结果，也可能是为了达到某种特别的概念构思的结果。

自由式平面布局大部分情况下需要宽敞的用地为设计前提，该布局方式通常都会有较为特别的建筑体块围合与体量组合，空间组合多变，没有特定规律，由此往往会带来意想不到的空间效果。

例如，哥伦比亚的埃尔波韦尼尔幼儿园，该幼儿园由若干模块结构自由组合，模块具有可适应性（图4.25～图4.27）。可根据地形及环境进行调节，适用于各种不同的地形环境。该幼儿园设计包含两个主要设计策略：一个是模块的适应性系统；另一个是成人儿童系统，圆圈内是儿童的天堂，空间自由灵活，儿童活动不受外界干扰，但圆圈外是人们可以聚集的公共空间，功能性强而且全面。

日本板桥幼儿园依据地势特点自由组合，看似凌乱实则被山形怀抱，在大环境中具有很好的形体丰富性和环境亲和性（图4.28）。

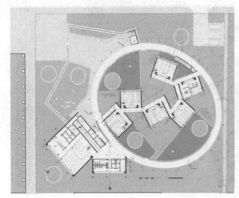

图 4.25　哥伦比亚埃尔波韦尼尔幼儿园(平面，鸟瞰)

图 4.26　哥伦比亚埃尔波韦尼尔幼儿园(鸟瞰)

图 4.27 哥伦比亚埃尔波韦尼尔幼儿园(内院)

图 4.28 日本板桥幼儿园平面

4.3.2 幼儿园建筑空间构形

同学们已经知道,空间构形是建立在建筑平面的组合图形基础上的三维表达。平面图形从最基本的矩形、弧形,进而组合成各种复杂的平面组合形式。

我们把幼儿园建筑的几种典型平面归纳为廊道式、院落式、风车式、放射式和自由式5 种平面组合形式,但是一般后四种平面组合形式都是包含有廊道式的平面组织形式;风车式、放射式和自由式的平面组合形式还可能包含院落式平面组织。

选择不同平面组织形式的幼儿园，除了考虑地域气候因素、建筑规模因素和造价因素外，主要考虑的是场地地形条件、周边环境、设计概念和空间构思等各种因素并叠加。

一般来说，场地内部或外围有良好的山地、树木等绿化景观等自然条件，可考虑采用组合的廊道式布局，与山地、树木等可以限定空间的景观资源共同围合空间，最大限度地利用景观资源。此外，组合的廊道式平面还可以借助树木、周边建筑等空间限定要素形成不同方位、不同大小和形状的空间，并且具备良好的景观识别性，在幼儿园场地内形成多处场景，并各自特色处理。

当幼儿园外部环境不佳时，通常会形成内向的院落式平面布局，避开外部环境的干扰。有时，场地内的树木位置合适时，也可以采用院落式的布局，将树木纳入建筑空间。在利用院落式布局幼儿园平面时，为了丰富幼儿园的建筑外部空间，也为了区别教学、办公、后勤区域，有时会形成多个院落的组合，不同院落之间可以在布局时考虑视线通达的可能性，以增强空间的丰富性和深远感。

风车式的布局方式会形成较强的中心区域。当场地地形复杂，不适于单纯的廊道式布局、完整的院落式布局时，可以考虑采用风车式的平面组织。虽然风车式平面的每个局部分支区域有些类似于组合的廊道式布局，每个空间区域有较强的独立性和专属性，可以借助周边植物或场地外部建筑的围合各自形成有特色的外部空间区域。但整体来看，风车式的布局方式能契合复杂的地形条件，外部空间的信息量较大。

放射式的布局方式会形成更强的中心区域。当场地较大，处于一个特定的街区或周边建筑物对幼儿园建筑布局有限定和要求时，可以考虑放射式的平面布局。放射式的平面构图较为自我，在缺乏周边建筑配合时，幼儿园建筑外围空间可能会游离在主体建筑之外，而且比较单调，不够理想。

对幼儿园的内部交通空间特征来说，幼儿园平面形式是单纯的条形或弧形，或是非围合的多个条形、弧形组合时，其空间为廊道式的内部空间组合。

当幼儿园平面形式是风车式、放射式时，其空间为中心式的内部空间组合。

当幼儿园平面形式院落式时，其空间可以是廊道式的内部空间组合，也可以是中心式的内部空间组合。

 本节知识要点提醒

在现实生活中，同学们见到的幼儿园实例多为走廊式和院落式的空间构形。因为这两种空间构形在用地上最为经济，也最容易达到通风、日照和采光的要求。近年来出现了一些具有多重的、复杂而小巧院落的幼儿园建筑实例，这些实例在内部空间的布局、氛围营造、内涵挖掘上很有特点，值得同学们学习。

风车式构形因为无法做到所有的教学用房均等地具备通风、日照条件，所以在我国并不多见；放射式构形占地较大，所以只是较多地停留在设计方案阶段，实例较少；自由式构形设计难度较大，还需要业主具有一定的艺术鉴赏力。

空间构形首先强调的是建筑平面在组合中所形成的图形效果。同学们在研究平面图形时，要将这些平面形式空间化，积极构想这些平面形式所构成的建筑的内、外空间效果，会对提高空间设计能力大有裨益。

4.4 空间组合

幼儿心理学认为，环境和教育是幼儿心理发展的决定性因素。

幼儿园的环境并非单纯指绿化环境，而是一个具有广泛意义的环境，包括了建筑内外部空间、色彩、植物、铺装等多个层面。这其中，建筑的内外空间因其设计完成后的实施建设具有不可逆性，而且是所有其他环境要素的设计前提，具有决定性的作用。因此，幼儿园环境质量的好坏很大程度上是由幼儿园的整体空间布局设计决定的。

前面说过，幼儿园的空间形态对儿童的心理和智力的影响是巨大的。因此一个有品质、有特色的幼儿园，一定是空间组合丰富、场所多样的，对幼儿的认知形成、情感发育、活动交往具有良好的促进作用。

科学研究表明，幼儿的认知形成是从外界的刺激开始，从被动的无意识状态逐渐转化为有意识的学习。幼儿的感知觉和觉察力、注意力、记忆力、想象力、思维能力的形成和发展莫不如此。因此，在幼儿园中，应该尽可能提供丰富的、多样化、生动形象、具体鲜明的室内外空间环境，刺激幼儿的心理感知，激起幼儿的好奇心和兴趣，引起幼儿强烈的情绪体验，逐渐获得知识和经验的积累。从这个层面上说，幼儿园建筑空间应充满变化和不可预期性，才能最大限度地刺激幼儿的感官。

从另外一个层面上说，不同性质的空间对于幼儿的行为也会有不同层面的影响。

通常，室内空间对行为是具有限制性的。幼儿在室内空间的行为一定会受到约束，例如寝室的安静、音体室的专注、活动室的行为规则等，可见，室内空间对于幼儿意味着学会规则、遵守秩序、不妨碍别人，使幼儿在限制行为的基础上发展自己的个性。

而室外空间则具有较好的自由度，幼儿在室外享受阳光和微风、奔跑、跳跃、观察、与自然的亲密接触等。人类从自然而来，儿童的个性心理发育、认知形成的最初的、最好的场所也应该是大自然的环境。在没有幼儿园的乡村，儿童最佳的游戏场所可能就是房前屋后的小树林，因为那里提供了许多视线有间隔但行走可连通的大小空间，儿童在那里可以学会辨识空间场所的差别，可以捉迷藏、观察小动物，可以体验季节更替、朝霞落日、分辨环境色彩等，自然环境提供的丰富变化对于儿童充满了无穷的乐趣。

可见，室内外空间对于幼儿的心理发育同等重要，而且均有度量：太过封闭的室内空间对于幼儿心理可能会产生较大压力，不利于个性的萌发；没有限定的室外空间也会有损于幼儿的约束力和规则性的形成；而单调的室外空间也容易停滞幼儿的各种活动与思维能力的挖掘。

因此，在幼儿园设计中，具有良好的通透性的室内以及较好围合性、较多形态与质感的室外场地均非常重要，需要在设计中统筹考虑予以安排。在很多优秀的幼儿园案例中，设计师通过各种巧妙的构思在室内外空间设计上做到了围合与开放、丰富与精致并举。

例如，法国 Vereda 幼儿园设计案例中，设计师会通过一个玻璃采光天井的构思，将室内外空间融合在一起，使儿童在室内可以直接观察甚至接触到室外空间(图 4.29)。

在该幼儿园中，建筑师营造了一个丰富多彩的世界，不仅满足了孩子们学习和娱乐的功能需求，同时令孩子们在使用的过程中对空间、尺度、色彩有所理解，其中圆形的天

图 4.29 法国 Vereda 幼儿园(室内一景)

井,将室外空间引进室内。两米多高的巨型天窗令使用者在室内也可以看到外面色彩斑斓的世界。这些都使得室内空间不再单调呆板。

例如,日本八代幼儿园,每两个活动室之间设有一个开放空间,供两个班级幼儿的活动与交往,空间的开放使得视野开阔,室内外空间场景的自由转换使得幼儿活动自如(图 4.30)。

图 4.30 日本八代幼儿园(院内开放空间一景)

例如,奥地利 Guntramsdorf 幼儿园中,走廊由天窗照明,树木通过天窗投来一瞥,为幼儿创造亲近自然的氛围。每个活动室利用更多的窗户面对植被繁茂的外部空间,它们与孩子们的视线齐平(图 4.31)。

有时,幼儿园的室内房间之间的联系也不仅仅限于房门,设计师提供窗洞或墙洞供幼儿爬行。这种有别于房门的穿越房间的交通方式充满了童趣和想象力。如果房门表达的是一种规矩或规则,那么墙洞则暗示了灵活和趣味(图 4.32 和图 4.33)。

图 4.31 奥地利 Guntramsdorf 幼儿园（室内空间一景）

图 4.32 德国奥格斯堡的幼儿园（室内）

图 4.33 丹麦 Dragen 儿童之家（室内）

4.4.1 内部空间组合

在 4.3 节中，同学们学习和掌握了幼儿园建筑的 5 种空间构形。这 5 种空间构形，从室内空间组合的角度看，会产生 2 种不同的内部空间组合形式。

1. 廊道式的内部空间组合

廊道式的内部空间组合，概括地说，就是以连廊为交通核心，通过连廊连接各个功能用房。功能用房和连廊之外，是各种不同类型的外部空间。

该类内部空间组合的关键之处，在于其内部空间联系的节奏、变化，以及外部空间的质量。内部空间联系的节奏和变化，可以理解为空间的开放性、多变性和韵律感。在内部行进过程中，这种空间多变和韵律的营造来自于内部空间高低、平面形状的不同组合变化，以及与室外环境的良好沟通与呼应，也可通过色彩、隔断、绿化等予以辅助。

例如，巴西的圣保罗佳期幼儿园，其交通流线主要以坡道构成，采用了柔软的地板等安全材料，在这里，孩子们可以很安全地展开各种活动(图 4.34～图 4.36)。

图 4.34　巴西圣保罗佳期幼儿园(玻璃内的坡道)

图 4.35　巴西圣保罗佳期幼儿园(外观)

图 4.36 巴西圣保罗佳期幼儿园(室内坡道走廊)

一个典型的最简单的廊道式幼儿园内部空间组合序列，大致是门厅引向走廊，然后连接各个教学单元。走廊的一侧或两侧均联系着功能用房，视觉上没有变化；而且所有室内空间层高相同(音体室除外)。这样的内部空间如果没有特别的处理，会非常平淡乏味，难以刺激幼儿的兴趣和思维。

这样的空间组合序列稍微调整一下：压低的门厅(也可能是两层高的门厅，门厅内还有部分夹层)，连接开放的外廊或视野通透、有空间节奏变化的内廊。沿着走廊行进，可以见到房门和不同位置的院落空间，每个院落空间内生长着不同的植物，院落中的铺地各有特色，可能还有小水池或滑梯，然后走进开着大窗，将阳光、绿化、场地等室外要素悉数景观纳入的课室。这样的空间序列，对于幼儿来说，具有鲜明的特色和丰富的视觉刺激，容易引发幼儿的特别兴趣和良好的情绪。

不少幼儿园通过廊道组织出多个院落空间，不同的院落成为廊道中明快的风景。

例如，克罗地亚 Medo Brundo 幼儿园，该幼儿园以矩阵的形式在较小的地块上组建了单元和庭院(图 4.37～图 4.39)。这种建筑单元和庭院棋盘交错式的构建方式，产生了花园、平台、走廊等，极大地丰富了廊道的视觉感染力。该设计作品曾获得 2009 年欧洲建筑密斯·凡·德·罗奖提名。

在处理内廊空间时，也可以把内廊局部扩大形成室内的"类庭院空间"，不仅交通功能和游戏功能合二为一，而且空间的扩展延伸、节奏变化能带来丰富的室内场景，令幼儿感受到空间的魅力。

例如，日本兵库县 christ the king 幼儿园，其教室外围的走廊设计十分出色(图 4.40～图 4.42)。幼儿教室的墙体后退建筑表皮且教室相互错落布置，形成走廊和大小不一但空间连续的室内类庭院，是幼儿游戏、捉迷藏的绝佳场所。幼儿园的表皮充当室外游乐场的背景。这些开口大小不同，位置也是非对称的，它们吸收光线、风，为建筑内部的类庭院空间带来新奇的体验。

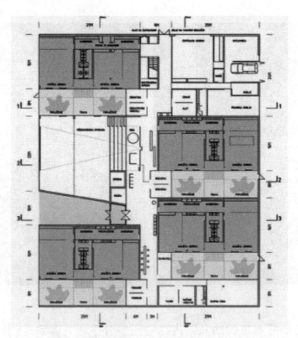

图 4. 37　克罗地亚 Medo Brundo 幼儿园(平面)

图 4. 38　克罗地亚 Medo Brundo 幼儿园(鸟瞰)

图 4. 39　克罗地亚 Medo Brundo 幼儿园(内院)

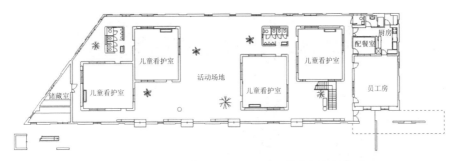

图 4.40 日本兵库县 christ the king 幼儿园(平面)

图 4.41 日本兵库县 christ the king 幼儿园(室内空间)

图 4.42 日本兵库县 christ the king 幼儿园(外观和室内空间)

2. 中心式的内部空间组合

中心式的内部空间组合,概括地说,就是教学单元或其他功能用房围绕着一个室内的公共活动空间来组织。

该类内部空间组合的特点,在于将纯交通的廊道改为多功能的中心大厅,使原来的通行空间变为幼儿活动、学习、交往,或是家长集会的综合性公共空间,既缩短了交通空间,又增加了不同班级幼儿交往的机会(图 4.43)。

由于该综合大厅是室内空间,当该空间被围合得过于紧密时,采光和通风就会受到影响。因此,可以通过局部玻璃屋顶来增加日照和设置人工风道引导风向。此外,还要注意幼儿教学单元应尽量布置在综合大厅的东南侧至西南侧一线(图 4.44 和图 4.45)。

图 4.43　爱沙尼亚 Lotte 幼儿园(中心大厅)

图 4.44　挪威 Knarvik 幼儿园(中心大厅)

图 4.45　挪威 Solrosen 幼儿园(中心大厅)

　　该类室内空间组合方式在对应大型幼儿园时，需要采用中央大厅加走廊的方式组织内部功能，否则会大大增加综合大厅的面积，反而带来不经济的因素。

4.4.2 室外空间组合

在我国幼儿园传统的单元式教学空间模式下，大部分时间的幼儿活动都在各自的班级进行。因此，很多幼儿园的建筑设计案例，往往忽视了室外空间的质量。我们在幼儿园建筑设计训练中，一定要格外关注其室外空间的设计，通过在幼儿园内设计形态多变、层次丰富的院落空间，训练我们的分析、组织室外空间的能力，这对于我们设计水平的提高有着重要的作用和意义。

在外部空间组合中，要特别关注空间的形态和层次性。

1. 无围合的外部空间

无围合的外部空间，通常指该空间只有一边有建筑。这类外部空间过于单调，领域感弱，视觉上缺少层次而没有趣味性，需要通过绿化、围墙、隔断等二次设计来完善其空间效果。通常在用地紧张，不能布局更丰富的外部空间时，会采用这种布局方式(图4.46)。

图4.46 法国 Chaource 幼儿园(前景)

2. 半围合的外部空间

半围合的外部空间，通常指该空间的两边或三边有建筑围合，这类外部空间初步具备围合的效果，具有初步的场所感、领域感和稳定感。如果半围合的幼儿园能借助周边的植被环境或建筑环境来辅助限定并产生围合感，就是一种理想状态。如果不能，则需要借助场地内绿化、围墙、隔断等二次设计来完善其空间围合效果(图4.47)。

3. 单个全围合的外部空间

单个全围合的外部空间，指该空间成为建筑围合的院落，其领域感和安全感较强，较适宜儿童活动。但该类空间的形态较单一，空间的趣味性也不强，不能持续引发幼儿的兴趣。也需要借助绿化、围墙、隔断等二次设计来形成不同层次的空间区域，形成相对丰富的空间场景，来完善其空间效果(图4.48和图4.49)。

此外，单个围合的外部空间，可以结合用地情况，在围合建筑的布置上，采用一些变

图 4.47　法国 Chaource 幼儿园(室内，院景)

图 4.48　克罗地亚 Segrt Hlapic 幼儿园(鸟瞰)

图 4.49　克罗地亚 Segrt Hlapic 幼儿园(院景)

化的因素使其围合的外部空间形成如梯形、锯齿形、三角形、弧形等不规则形状，这样可以在一定程度上改善较为单纯的外部空间形态，形成较丰富的视觉效果(图 4.50)。

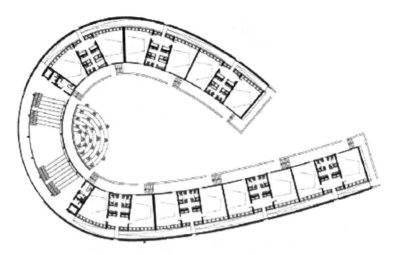

图 4.50 克罗地亚 Segrt Hlapic 幼儿园(平面)

　　例如，西班牙 Velez-Rubio 幼儿园，在该幼儿园院落布局中，为了缓解单个院落的单调，在内院靠近主入口的左下角设置了架空层，增加了院落的空间层次并柔化了过于直接的内院墙体；同时，又在建筑北侧和东侧另外设置了院落，丰富了整个建筑的空间布局（图 4.51 和图 4.52）。

图 4.51 西班牙 Velez-Rubio 幼儿园(平面)

　　例如，西班牙 Gan 幼儿园，该幼儿园将中心院落设计成花朵的形状，缓解了单个院落形式上的单调感，在内院种植了高大树木，阳光透过树叶洒下斑驳光影，增加了院落的空间层次和趣味性（图 4.53）。

图 4.52　西班牙 Velez-Rubio 幼儿园(内院)

图 4.53　西班牙 Gan 幼儿园(内院，鸟瞰)

4. 多个围合的外部空间

多个围合的外部空间指一个幼儿园的整体空间布局由两个及两个以上的院落空间组成。这类幼儿园总体特点是空间多变/场景丰富，具有较好的空间趣味。

多个围合的外部空间包括了两种空间形式，分别是连续型外部空间和复合型外部空间。

1) 连续型外部空间

连续型外部空间是指幼儿园内的多个院落在交通上流线可直接通达，院落之间大都通过架空层相连接而不是通过廊道。在部分位置视线也可贯通数个院落，院落场景的展现具有共时性。院落可根据设计意图形成不同尺寸和形状，安排不同的主题，种植不同的树种，安排不同色彩等(图 4.54)。

连续型的外部空间，因其空间的通透、深远和场景的即时转化，带来了丰富的视觉刺激，很容易引发幼儿的兴趣，吸引他们出来活动。

图 4.54 西班牙 Rosales del Canal 幼儿园

2）复合型外部空间

复合型外部空间的空间组合方式也是由多个围合的外部空间组成，但与组合型外部空间的不同之处在于，各种性质的院落如公共院落、班级院落、服务院落等由廊道串接，并在幼儿园内行走的过程中逐一展现。院落场景的展现不具备共时性，而具有时间属性。

在这些院落中，部分院落空间属于公共院落，对园内任何人开放；部分院落专属于幼儿课室，是班级专有的院落空间，供班级活动之用，具有一定的限制性。不同性质的院落能使幼儿认识到不同的院落空间具有不同的行为模式，让幼儿体会空间属性和行为模式的关系。

复合型外部空间，各种不同属性、不同大小、不同位置的院落空间场景在幼儿行进的过程中逐层展现，使廊道空间充溢着明暗、宽窄、高低的对比变化，就像一幅幅逐渐展开的画卷，总令人充满惊喜和期待。

复合型外部空间，会令幼儿感受到外部院落空间的无比奇妙和魅力。

例如，上海夏雨幼儿园，营造了一个江南园林空间特征的内向空间组合（图 4.55～图 4.57）。曲折的廊道串接着数个大小、形状各不相同的院落，各种空间景观随着时间逐层展开，使得幼儿园到处充满着空间的奇妙变化，具有丰富的空间层次和趣味性。

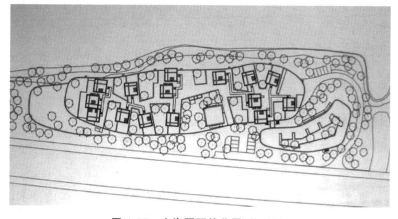

图 4.55 上海夏雨幼儿园（总平面）

图 4.56　上海夏雨幼儿园(模型)

图 4.57　上海夏雨幼儿园(内景)

 本节知识要点提醒

外部空间的体验与设计，始终是建筑设计初学者的难题。但它的确又非常重要，是建筑设计最重要的入门门槛之一。许多建筑大师都在其言论中提到，学建筑要多观察、多体验、多思考，这其中就包含了对建筑外部空间的体验和思考。日本著名建筑师安藤忠雄非建筑科班出身，但他在年轻时游历了意大利等有着众多著名建筑遗迹的欧洲国家，他在成名后也坦诚地承认这段经历的重要性：真正要理解建筑，不是通过媒体，而是要通过自己的五官来体验其空间，这一点比什么都重要。因此，用心体会空间的每一个维度，体会空间所映射的情感因素，是每个建筑学子的重要学习方式。

在本节中，同学们要特别留意外部空间的围合方式、空间尺寸与建筑高度的比例、外部空间的层次性和形式的多样性，仔细体会人在空间行走中的心理感受。

4.5 交 通 组 织

幼儿园的交通组织，依据不同的空间组合方式各有特点。但总体的要求是便捷、适当的趣味性。

交通便捷是任何一个建筑设计的普遍要求，但是单纯的便捷也会带来空间的乏味，减少了行走的趣味性。因此，幼儿园的交通组织，应该是便捷基础上的趣味性和多样性。

交通组织的趣味性，意味着交通联系中空间的多变，场景的变化会给幼儿带来视觉趣味；交通组织的多样性，意味着不同的路径可以走到同一个地方。这种殊途同归的心理体验对于幼儿来说，有着特别的暗示；例如，可以选择自己喜欢走的路径、一个问题可能有多种解答方案等。尤其是当不同路径对应着不同的空间尺度或空间主题时，不同路径带给幼儿的空间体验效果就更为生动有趣。

4.5.1 尽端式型交通组织

尽端式交通组织，是指建筑交通流线呈发散状的安排。从门厅到某个功能用房的往返，只能通过一条室内的交通线路。而不同功能用房之间的交通联系，也只能先回到门厅，通过门厅或中庭转换(如果是多层的话，也需要回到门厅的上部对应位置)。

1. 一字形尽端交通

这种交通组织形式只有一条交通线，通常适用于小型的幼儿园，对应着无围合或半围合的外部空间组合模式。其交通简捷，但空间本身的趣味性较弱，需要通过精心的室内空间设计来改善并丰富交通流线上的空间节奏感和场所感。

2. 树枝形尽端交通

这种交通组织形式除了拥有一条交通主线外，在主线上还有交通分支，但仍然需要回到交通主线上。这类交通组织，适应于面积较小但室内空间相对较复杂的幼儿园，通常会有较多的小型院落空间，会有较丰富的空间感和场所感。

例如，克罗地亚 Katarina Frankopan 幼儿园，靠近城镇东北部边缘，周边是游客公寓和购物中心，为了避开喧嚣的周边环境，该幼儿园外墙用高起的石墙封闭，内部形成若干院落(图 4.58 和图 4.59)。内部幼儿用房均为单元式，单元之间是开放的内花园和通道，单元之间通过树枝形的尽端交通连接。

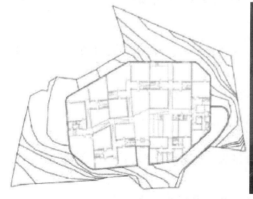 

图 4.58 克罗地亚 Katarina Frankopan 幼儿园(平面，鸟瞰)

图 4.59　克罗地亚 Katarina Frankopan 幼儿园(室内)

4.5.2　环绕式交通组织

环绕式交通组织，是指建筑的交通流线呈环绕状的安排。通常围合式的外部空间组合的幼儿园就可以形成环绕式的交通流线。从门厅到其他功能用房，可以有多条流线到达。这些流线往往围绕着一个或多个庭院，并且带来生动有趣、动态的空间观赏和体验效果。

当幼儿园建筑的外部空间是多个围合的院落所组成的外部空间时，环绕式的交通流线会显得较为复杂，通常会形成数个小型的交通枢纽，以便休息，也起到空间识别的作用。对于设计者来说，此时需要特别地将院落空间的特色反映在交通流线上，形成"空间—流线"的对应关系，也即形成不同流线上各自对应的空间特色，给幼儿辨识不同流线所对应的空间提供条件。也许幼儿刚开始辨识这些复杂流线会有些困难，但这种流线上的轻微迷失对于幼儿来说也是一种较好的空间感知和体验。幼儿自己会逐渐通过对不同流线上不同空间的观察和体会，识别不同的空间区域。这对于被动接受知识和经验的幼儿来说，也是一个有趣的空间学习和心理体验过程。

┃4.6 本设计阶段相关规范

（1）必须设置各班专用的室外活动场地，每班的活动场地面积不小于 $60m^2$。各个活动场地之间宜采用花池等分隔措施。

（2）全园共用的室外集中场地，其面积不宜小于下式计算值：

$$全园共用的室外集中场地(m^2)=180+20\times(N-1)$$

计算式中，N 为班级数。

（3）全园共用的室外集中场地应该考虑设置：30m 跑道、沙坑、贮水深度不超过0.3m 的戏水池等。

（4）幼儿园宜有集中绿化用地，严禁种植有毒、带刺的植物。

小 思 考

我国幼儿园基本上是以班级为单位开展教学活动，由于经费的问题，每个班所配置的教学用具的数量和质量均有可能不够充分；而且，幼儿心理学研究也证明，不同年龄的幼儿在一起活动，幼童观察模仿大童、大童也乐于积极表现，这两个层面对大童和幼童均有促进作用。因此，同学们可以思考现行的幼儿教育模式，是否可以提供一些公共的学习、交流空间，一方面提高教具数量和质量；另一方面提供不同年龄幼儿交往的机会。

习　　题

1. 幼儿园的空间分为哪几类？

2. 幼儿园整体空间构形下的平面如何组织？

3. 幼儿园有哪几种平面组织形式？各有什么特点？

4. 幼儿园内部空间组合形式有哪些？

5. 廊道式的内部空间组合需要注意哪些方面？

6. 中心式的内部空间组合需要注意哪些方面？

7. 幼儿园外部空间组合形式有哪些？各有什么特点？

8. 请简述连续型外部空间的空间特点。

9. 请简述复合型外部空间的空间特点。

10. 比较连续型和复合型外部空间，你认为哪种外部空间更有江南园林的空间特点？

11. 幼儿园的交通组织有哪些类型？

12. 幼儿园后勤入口和主入口的关系、相对位置有什么要求？

13. 幼儿园室外班级活动场地和室外公共活动场地的区别是什么？

第 **5** 章
建筑空间与环境详细设计

【教学目标】

主要讲述幼儿园详细设计的理论和方法。通过本章学习，应达到以下目标：

(1) 熟悉幼儿园详细设计的概念。

(2) 理解与幼儿园阶段性设计内容。

(3) 掌握和幼儿园详细设计的方法。

【教学要求】

知识要点	能力要求	相关知识
班级活动单元设计	(1) 理解班级活动单元的组成内容 (2) 熟悉班级活动单元设计的相关规范 (3) 掌握班级活动单元设计的方法	班级活动单元
幼儿室内公共活动空间设计	(1) 理解幼儿室内公共空间的组成内容 (2) 熟悉幼儿室内公共空间设计的相关规范 (3) 掌握幼儿室内公共空间设计的方法	音体活动室、美工室、图书室（角）等
幼儿园室外活动空间与环境设计	(1) 理解幼儿室外公共空间的组成内容 (2) 熟悉幼儿室外公共空间设计的相关规范 (3) 掌握幼儿室外公共空间设计的方法	室外游戏活动空间、景观绿化空间、入口与围栏、道路与铺地等
辅助服务空间设计	(1) 理解幼儿室外公共空间的组成内容 (2) 熟悉幼儿室外公共空间设计的相关规范 (3) 掌握幼儿室外公共空间设计的方法	医务保健室、隔离室、晨检室、办公室等

基本概念

班级活动单元、室内公共活动空间、室外活动空间、环境设计。

引例

幼儿园是将室内环境与室外环境视为一体的幼儿教育场所。任何一座幼儿园建筑都是由多个班级活动单元、多种用途的文体活动室、行政、辅助用房以及绿化庭院和游戏场地等组成，由此构成幼儿自己的小世界。在幼儿园建筑设计过程中，由早期的构思到空间布局，由空间布局到空间形态，再到最后的详细设计，其设计的深度是分阶段逐步加深的。

例如南方某幼儿园新建工程，经过前面设计阶段的反复推敲和修改，方案基本成形，不仅确定了建筑和基地的关系，确定了建筑物的出入口位置和场地内外的交通组织，而且还安排好了建筑平面的功能布局、交通流线和空间形态，组织了楼梯和走廊，布置了房间、门厅和中庭等，建筑的体量、造型及其虚实关系，也基本呈现出来。接下来，需要对方案进行深化和细化，即对建筑和环境进行详细设计。

我们知道，建造房屋的目的是为了获得"无"或者说"空间"，而"空间"的获得需要通过"有"这一"围合"或者说"界面"来得到；并且，为了适合"用"的需要，"空间"内还要有恰当的家具和陈设。这就启发我们，建筑与环境的详细设计可以分成空间、界面、环境3部分来进行考虑。

那么，幼儿园建筑设计方案的深化和细化过程，需要我们做些什么呢？

5.1 建筑空间界面构成及一般要求

建筑空间是由侧界面、楼（地）界面、顶界面等3种界面来进行限定的，这些界面赋予建筑空间以形态，并在无限空间中划分出不同的功能用房或区域。幼儿园建筑空间中的这3种界面有着一些特别要求，需要在详细设计阶段进行精心的考虑。以下对幼儿园建筑空间中上述3种界面的构成和一般要求分别进行阐述，至于不同用房中的各种界面设计特别要求，还将结合该用房的特定情况，在本章后续部分另行介绍。

5.1.1 侧界面

幼儿园建筑空间的侧界面一般由墙面、门窗（洞口）、柱子、阳台、幕墙等多种构成。

1. 墙面

墙面作为一种侧界面的主要构成，是人第一时间的视觉触及，又是人经常接触的部位，在很大程度上会影响室内空间整体艺术效果。

在幼儿园建筑空间的详细设计过程中，要注意墙面的平整，转角的地方不能尖锐，要转成圆角，避免幼儿撞伤，如图5.1所示。墙面的装饰处理，可以采用瓷片、易清洗的墙纸和各种涂料。有条件的幼儿园可在墙体1.2m以下部位装饰皮革，使墙面更具柔软、温暖、吸音的功能，防止幼儿碰撞受伤。不论用什么材料来装饰墙面，都要求符合有关部门制定的标准，不能使用有毒、有放射性和释放有害气体的材料。墙体1.2m以下部位也可镶贴瓷片：一方面方便清洁；另一方面可以增添幼儿园特色的氛围，还可以挂上一些可供幼儿写字或画画的小黑板，以便幼儿表现自我、抒发内心感受。

对于幼儿园建筑空间来说，墙面的色彩设计十分重要。因为幼儿首先通过色彩来认识世界。装饰墙面的材料颜色要淡雅、明快，具有可识别性，要考虑环境的功能性以及采光情况，还应避免幼儿的视觉疲劳，如图5.2所示。墙面一般可用贴或刷的方法，通过大块的抽象图案的设计来增加墙面的趣味性。整体色彩要统一且有变化，体现幼儿园特点；同时，墙面色彩不应孤立看待，而应与地面、顶面、家具的色彩统一考虑。班级活动室的室内色彩最好避免雷同，以体现可识别性。如图5.3所示为不同的颜色代表了不同年龄段的幼儿园活动室，增强了幼儿园"界面"的可识别性。

图 5.1　萨尔格米讷幼儿园的界面

图 5.2　幼儿园"界面"的材料可识别性

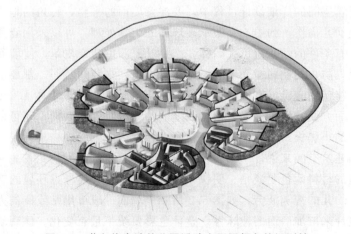

图 5.3　萨尔格米讷幼儿园活动室不同颜色的识别性

　　西班牙的 8 Units Velez-Rubio 幼儿园设计中，设计师认为，"对于 3 岁以内的幼儿来说，最重要的是开心嬉戏，而幼儿就是以色彩来辨别、归类、搭建七巧板智力游戏的，因此色彩对幼儿的成长来说非常重要"，如图 5.4 所示。设计师将这个理念运用在建筑的设计上，室内的地面与墙裙采用彩色的塑胶板，三组年龄段的教室也以色彩来区分，并用色彩划分公共空间与教室空间。1 岁以内的幼儿教室设计为蓝色(蓝色代表舒缓、海洋、美丽的梦境)；1～2 岁的幼儿教室设计为橙色(橙色代表活跃，刺激大脑感官)；2～3 岁的幼儿教室则为绿色(绿色代表自然的颜色)；而公共区域设计为彩色，借此告诉幼儿世界是多彩的、是一个组合的群体。

图 5.4　西班牙 8 Units Velez-Rubio 幼儿园色彩设计

如图 5.5 所示为日本"光之家"幼儿园，其室内则采用了粉红、粉黄、粉蓝、粉绿等多种色彩，以区分不同的活动空间。如图 5.6 所示为西班牙贝里奥萨尔(Berriozar)幼儿园的彩色栅格墙处理，该幼儿园将不同功能空间区分开来，既有趣味性，又可将室外景观引入到室内，形成室内外的过渡。

图 5.5　日本"光之家"幼儿园(室内采用了多种色彩区分不同的功能空间)

2. 门窗(洞口)

门窗是建筑立面的重要组成部分，门窗的大小和造型会影响建筑外立面形式，也同样影响建筑内部空间。

一般情况下，门的造型与门周边的界面、墙面应取得一致的风格。这可以从立面设计的手法、材料的运用等来实现。如图 5.7 所示为彩虹幼儿园，门窗与墙面材质、处理手法

图 5.6　西班牙贝里奥萨尔幼儿园的栅格墙

一致以实现两者协调统一。如图 5.8 所示为日本基督君王幼儿园的外立面，通过母题的重复和对比来取得门与界面的统一。

图 5.7　彩虹幼儿园

图 5.8　日本基督君王幼儿园

　　作为供幼儿和教师共用的各功能室的门，它的设计要注意合理性，不能用坚硬的材料制作，也不能出现尖锐的棱角，门表面宜平整、光洁；不宜使用铁衣或玻璃制作，因铁门多缝隙，铁条坚硬，玻璃遭碰撞易碎，会导致安全事故；宜采用木制门，门扇宜向外开；要求门能全面靠墙、固定，防止幼儿推撞门；在门上的适当地方装上方便幼儿开关门的拉手。

窗是建筑室内空间采光、通风的必要部件。窗少、面积小或面积过大都将对室内环境产生不良影响，对幼儿身心健康不利。合理的窗面积应以室内面积的 1/3～1/2 为宜，这样才能保证正常的采光、通风和空气流通。朝南的窗户应尽量开大，这样在炎热的夏季，吹入室内的自然风就能多一点，也有利于室内采光；朝北的窗户宜开小一点，避免冬季寒风吹入，降低室内温度；同时，还要考虑窗的安全性，窗台距地面不宜低于 0.8m，窗玻璃尽量使用塑胶透明玻璃或钢化玻璃，窗扇应朝外开；窗以下部分 1/3 的地方要装上栏杆，避免幼儿翻爬窗户发生意外。

对于幼儿园来说，窗的形态不必中规中矩。大小不一、形状各异的开窗方式，能够体现和增加幼儿园的活泼和趣味，室内因此还能获得有变化的光影效果。而从室外看，可以看到各种造型别致、色彩丰富与大小不一的圆形窗，黄绿色、蓝色、洋红色的玻璃镶嵌其中。白天阳光透过彩色玻璃渲染一室的灿烂，夜晚室内灯光照亮多彩的玻璃窗丰富了建筑的立面。无论白天与黑夜，多彩的圆形玻璃窗像跳动的音符，焕发出迷人的魔力，还标示了幼儿园建筑的特征(图 5.9)。

图 5.9　8 Units Velez-Rubio 幼儿园的内窗和外窗

3. 幕墙

幕墙在幼儿建筑中使用较少，但幕墙的使用可以创造较好的室内外过渡的效果，也有利于大空间的室内采光，通常会结合整体立面来设计，但必须遵循形式美的相关原则。由于幕墙多采用玻璃和钢材等材料为主，不建议在幼儿的相关活动空间中大面积使用，因为它不利于幼儿的安全，而且这些材料给人以冰冷的感觉，不利于幼儿的成长。有时为了造型的需要，可在音体活动室、图书室以及成人使用的办公室等处适量采用。

4. 走廊

根据《幼儿园建筑设计规范》，走廊的净宽不应小于表 5-1 规定。实际上，为了利于走廊成为幼儿的活动场所，通常将走廊净宽增加到 2.4m 甚至 3.0m。

表 5-1　走廊最小净宽度　　　　　　　　　　　　　　　　单位：m

房间名称	房间布置	
	双面布置	单面布置或外廊
生活用房	2.1	1.8
服务、供应用房	1.5	1.3

走廊的形式可多种多样，但主要通过内廊、外廊的形式来组织各功能空间。

5. 构件

构件主要包括遮阳板、百叶、雨篷等。这些构件的精心设计可起到点睛作用（图 5.10）。如图 5.10 所示，通过彩色的奶酪状的屋顶构件来强调幼儿园的特征，而绚丽的色彩又对幼儿园的立面进行了点缀；再如图 5.11 所示的莱塔河畔诺伊弗尔德（Neufeld an der Leitha）幼儿园的百叶。从物理性上看，它最主要的功能就是遮阳，而从造型上看，屋顶的百叶可产生丰富的光影效果。而入口的雨篷处理则增加幼儿园入口的可识别性，让室内外的过渡更加自然，同时还可以增加入口的遮挡作用。

图 5.10　博洛尼新的儿童中心的屋面构件

图 5.11　莱塔河畔诺伊弗尔德幼儿园的百叶

在设计过程中，构件不能盲目地添加，要考虑其可行性和实用性。如果构件的设计并不能带来良好的空间效果或增加建筑空间的趣味性，建议不要添加，否则就是画蛇添足，而不是画龙点睛。

5.1.2 楼(地)面

楼(地)面是幼儿直接接触的界面，它的设计直接关系到幼儿的身体健康与室内的卫生条件，因而地面的科学合理性及艺术性就显得尤为重要。楼(地)面要保暖、耐磨、耐腐蚀、防静电、隔声、吸声，同时还要满足幼儿的审美要求，使楼地面与整体空间融为一体，如图5.12所示为日本福冈县太宰府市T幼儿园活动室地面。如图5.13所示为日本环大树幼儿园楼地面，整个地面采用木地板，这样让幼儿感到空间的亲切感。另外，防滑、防潮、防水、易清洁、具有弹性等方面，也要符合幼儿园的地面标准。

图5.12 日本福冈县太宰府市T幼儿园活动室地面

图5.13 日本环大树幼儿园楼地面

不同地区、不同楼层的楼(地)面要求，又各有侧重。寒冷地区可选用封蜡的木地板，二、三层可铺地毯，这样既有弹性又保暖，同时地面铺设要平整，避免出现台阶或凹凸不平而引发安全事故；南方气候温和、潮湿，要重在防滑、防潮。特别是建筑的底层地面，除了要对地面以下进行防潮处理外，地面也要选用防滑地砖或塑胶地板。而地面的铺设要有色彩、图案、铺设构成的变化，如可采用两色以上的防滑地砖，按一定的构成形式铺设，其图案可以是排列构成，也可以是动物、植物或一些传统图案(图5.14～图5.16)。

图 5.14　巴西圣保罗佳期幼儿园的活动室楼地面

图 5.15　Kreiner 幼儿园某功能房楼(地)面

图 5.16　柏林 Kita Drachenhöhle 幼儿园某功能房楼(地)面

5.1.3　顶界面

顶界面是室内空间的另一个重要界面，尽管它不像楼地面和墙面那样与人的关系直接，但它却也是室内空间中富于变化和引人注目的界面。

顶面距室内楼（地）面的高度一般以 3.2～4m 为宜，太低会令幼儿产生压抑、紧张感，过高则让幼儿感到缺乏温馨、亲切的氛围。因此，顶面的高低，应在详细设计阶段给予充分考虑。如果是过高的空间，可考虑顶面装修或悬吊一些装饰物，以降低其空间，改变视觉上的空旷感。

顶面的表层不能太光滑，这样有利于增强吸声效果、避免产生眩光。如果是顶层，还要考虑隔热措施。顶面装修要使用隔热、阻燃和防火性能好的材料，如石膏板、铁龙骨等。电线要放入阻燃管内，避免因电路故障而引发火灾。

📖 本节知识要点提醒

通过本节学习，我们初步了解了建筑空间界面的构成及一般要求。建筑空间的界面主要由侧界面、楼（地）面和顶界面三类构成，其中前几类又有多种形态、质感、物理功能的处理方式或部件构成。不同类型及处理方式或部件，有不尽相同的详细设计要求以及对建筑空间可能产生的效果。对此，需要我们熟悉并在详细设计中根据需要予以满足和综合运用。通过对界面的形式、形态、材质、性能等方面的恰当选择和设计处理，营造符合幼儿特点的适宜的幼儿园建筑空间。

5.2　班级活动单元详细设计

5.2.1　活动室详细设计

活动室空间的详细设计与幼儿的生理、心理特点有着密切联系。活动室室内空间的布局要科学合理，保证最大、最合理的空间区域，方便教师组织幼儿开展相关活动；同时，还要设置面积大小不同的各种活动区域，以满足幼儿自发活动的需要。此类区域可用家具分隔而成，这样的空间比较灵活，可根据活动对空间的需求进行相应的调整。此外，分隔活动区域的家具或其他物品可以有所变化。经常合理地变化空间，有利于满足幼儿的好奇心和新鲜感，从而使环境更加吸引幼儿。

在详细设计阶段，应更多地关注活动室的平面形式、空间尺度、家具布置、建筑构造与细部处理等，不仅应满足幼儿多种室内活动的需要，还要符合适应幼儿生理与心理的需求。如：

（1）活动室是幼儿度过大部分时间的地方，必须有最佳的朝向、充足的光线和良好的通风条件。

（2）活动室的"空间"设计：一要有足够的使用面积（规范要求不小于 $70m^2$），二要有足够的室内净高（规范要求不小于 3.0m）；三要有合理的平面形式和尺寸，以满足多种活动的需要。

（3）活动室的"界面"设计，门、窗、墙的构造要符合幼儿使用的要求，适应幼儿的特点。

（4）室内家具应考虑幼儿使用的特点，处理好尺度，细部要有利于幼儿安全，便于清洁。

1. 活动室的平、剖面形状与尺度

尽管平面形状多种多样，但大部分幼儿园的活动室多采用矩形，主要是因为矩形平面结构简单、施工方便、空间完整，便于家具布置和不同活动的使用。在设计矩形的活动室时，需注意矩形平面的长宽比不宜大于 2：1。活动室的面积按规范要求不小于 $70m^2$，那么矩形平面的尺寸可采用 7m×10m 或 10.8m×6.6m（使用面积均为 $71.28m^2$），又或者边长为 8.4m 的正方形平面（使用面积为 $70.56m^2$）。活动室最好是长边朝向南北，两面都能直接采光，以获得良好的日照与采光。若是单侧采光的活动室，按规范要求其进深不宜大于 6.60m。

从幼儿园建筑设计的总体意图出发，活动室也可采用非矩形平面，这有利于获得一种活泼、多样的内部空间以及具有独特个性的外部造型。如图 5.17 所示为日本圣心国际学校，活动室由正方形和圆形的组合，由 "∞" 字形墙围合的空间象征了孩子们无限的潜力；如图 5.18 所示为上海嘉定新城实验幼儿园，为了获得不规则、多角度的建筑内部空间，加强幼儿园内院的节奏感和层次感，幼儿活动单元的平面做了锯齿形变化，活动室是平行四边形平面。

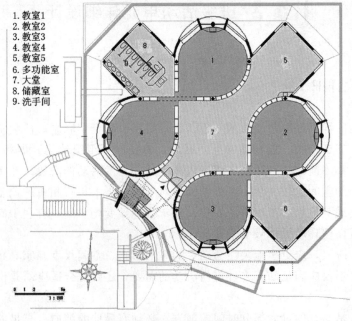

1. 教室1
2. 教室2
3. 教室3
4. 教室4
5. 教室5
6. 多功能室
7. 大堂
8. 储藏室
9. 洗手间

图 5.17　日本圣心国际学校

图 5.18　上海嘉定新城实验幼儿园活动单元平面

　　保教与使用方式会影响活动室的平面形式。国内大部分幼儿园因师生比较少，活动室的区域划分较弱，教师需要大的、整体的空间，以便同时照看所有幼儿。在这种情形下，采用矩形或近似矩形平面，才能更好地满足幼儿园的使用需要。国外有些幼儿园会把活动室划分成几个相对独立的区域，同时容纳多种活动，如桌上作业、室内游戏、泥沙捏塑、堆砌构筑等，这样，活动室即使采用不规则的形状，也不会影响正常使用。如图 5.19 所示为意大利的巴巴爸爸幼儿园，活动室平面为 L 形。如图 5.20 所示为丹麦 Lucinahaven Toulov 幼儿园，其活动单元的平面为 U 形。要注意，当活动室采用不规则的平面形状时，一定要进行详细的室内设计和家具布置，仔细推敲是否适合空间的使用。

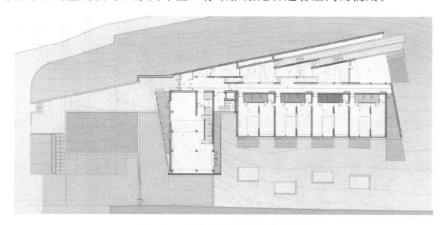

图 5.19　意大利的巴巴爸爸幼儿园

　　此外，各个班级单元的平面形式的变化，不仅应丰富班级活动单元之间的组合，同样也应有效地呼应设计场地(图 5.21)。

　　活动室的剖面形式，以矩形空间为主。《托儿所、幼儿园建筑设计规范》要求活动室室内净高要求不小于 3.0m。为了使活动室空间更有趣味性，可以结合整体构思来考虑活动单元的空间高度与形式。如图 5.22 所示为 Portugal 的剖面，设计者将活动室局部空间加高或压低，形成空间对比，这样幼儿园的空间变化就变得丰富有趣。单层或者设置在顶层的活动室，剖面设计可以灵活处理，使活动室的内部空间更为有趣。如图 5.23 所示为路斯腾瑙某幼儿园，L 形的活动室其实是由两部分不同高度的空间组成，一个呈正方形，高 2.44m；另一个呈长方形，高 3.96m，在后部设置阁楼。不同高度可以方便地布置窗户，使阳光从不同方向充分引入。综上所述，在进行剖面设计时要结合平面、立面对空间做进一步完善，并充分表现幼儿园的空间特征。

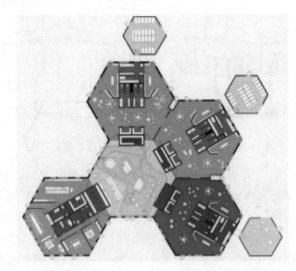

图 5.20　丹麦 Lucinahaven Toulov 幼儿园

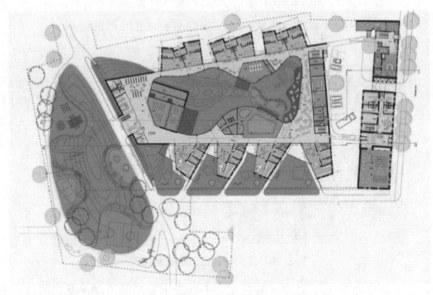

图 5.21　里加幼儿园(不规则平面)

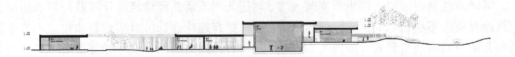

图 5.22　葡萄牙某幼儿园剖面

图 5.23　路斯腾瑙某幼儿园

如图 5.24 所示为日本滋贺县长滨市郊区的一所幼儿园（Leimondo Nursery School），建筑为单层，被称为"光之家"。建筑师在活动室单元平面里插入了大小各异的正方形，这些平面的正方形在上部空间被塑造成一个个的锥形"光井"。这些位于高高天花之上的"光井"各自的形状不同，朝向各异。光线从上部引入到各个活动室中，随着时间和季节而变化，孩子们追逐着它们玩耍，在日常生活中享受着光的礼物。这样的剖面设计给孩子们带来一种全新的空间体验。

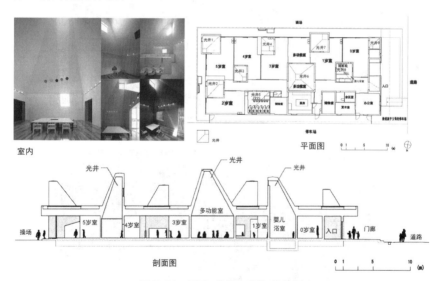

图 5.24　日本"光之家"幼儿园

2. 活动室界面详细设计

活动室的界面是幼儿各种活动的背景，我们应当综合考虑活动空间的安全性、趣味性、可达性及可识别性，结合活动室的功能需求和幼儿的生理、心理特点以及整体视觉效果等，进行活动室界面的详细设计。

1）墙面

墙面设计应做到趣味性、教育性和实用性的结合。活动室的室内要设法留出一整片实

　墙，作为教师和幼儿尽情发挥的"园地"。这样的"墙饰"能不断更新变换内容，展示幼儿的绘画、手工成果，成为幼儿园环境教育的载体。

　　在进行墙面的设计时，我们可以利用加法或减法等设计手法，丰富活动室墙面的变化与趣味性。如图 5.25 所示为太阳丘幼儿园的活动室墙面设计，整个墙面采用减法处理，门窗的大小、高低的变化增加了墙面的趣味性和兼容性；如图 5.26 所示为 Mokumoku Kindergarten 则采用了相反的设计手法——加法，这同样也增加了墙面的丰富性与趣味性。重复与微差的运用同样也可以让墙面产生趣味和丰富的效果。如图 5.27 所示为嘉定新城幼儿园的墙面，大小不一的窗户在光照下，让活动室产生丰富的光影变化。色彩对比是墙面设计的另一重要方式，如图 5.28 所示为 Massimo Adiansi Nursery and pre-school 的活动室，白色作为墙面的背景色，而黄色则点缀了白色的墙面，原本相对单调的墙面变得丰富了。

图 5.25　太阳丘幼儿园墙面处理——减法

图 5.26　Mokumoku 幼儿园墙面处理——加法

图 5.27　嘉定新城幼儿园的墙面处理——重复与微差的运用

图 5.28　Massimo Adiansi Nursery 幼儿园活动室——色彩对比

　　空间是变化的。在墙面设计过程中，我们需要考虑到空间的可变性与可能性，通过空间的变化来满足活动空间的需求，隔墙或家具的二次空间创造就变得可能，但我们还是必须遵循相关的规范与美学法则。矮墙的设置、绿化的种植、家具的分割等设计手段，可有效促成空间的二次设计，如图 5.29 所示墙体分隔，既满足了活动的需求，又实现了空间的变化。有时，在走道的一侧或两侧增设衣帽柜，将衣帽间的空间腾出来，不仅能增加有效的空间，同时还可以提高走道空间的利用率；有时也可考虑活动室的空间变化，利用墙面进行二次分隔，这样有利于提高活动室的空间利用率。

　　在满足规范要求的基础上，可对门窗（洞）进行多样化设计，配合体现建筑的整体构思。但因不同年龄阶段的幼儿具有不同的生理特点，如身高不同，身体尺寸也随着年龄的增长而变大，所以，门窗（洞）的尺度、形态等也应进行相应的区别处理，如图 5.30 和图 5.31 所示。

127

图 5.29　Guntramsdorf 幼儿园的墙体分隔空间

图 5.30　不同年龄阶段儿童门窗示意图

图 5.31　利用不同年龄段幼儿的行为特征设计室内的门洞、窗洞

　　活动室的门是幼儿接触较多的部位。考虑是否周到、设计是否合理对保障儿童的安全有着十分重要的作用。而基于幼儿的生理和心理特点，我们在设计时应以门的安全性为基础，强调可达性。在安全方面，门扇应无棱角，宜平滑，在距地 0.6～1.2m 高度以下不宜设置玻璃。

　　此外，设计规范也对活动室门的数量、形式和构造都有规定：门的数量，因活动室的面积大于 70m²，按《建筑设计防火规范》的要求，必须设 2 个门；门的形式，活动室应设双扇平开门，其门净宽不应小于 1.20m；门的构造：①在距离地面 0.60m 处宜加设幼儿专用拉手；②不应设门槛，禁止设置转门、弹簧门、推拉门、玻璃门，不宜设金属门；③门缝处应采取防挤手措施；④门上应设观察窗。此外，门位置的设置也会影响活动室的有效使用，如图 5.32 所示为门后形成一条的新的交通空间并将活动室一分为二，形成大小不等的三个区域,而这种情况下是不利于活动室的有效利用的,但并不意味方案有很大的问题,只要稍作调整就可将上述问题解决。门的设置与消防疏散也有着密切的关系。在设计前期,我们可能并未对疏散的要求进行详细的检查,而到了详细核查完善时才发现,末端功能房门的设置并不满足消防疏散要求,这时我们只需将门向疏散梯的位置靠拢,缩短功能房门到疏散梯的距离。

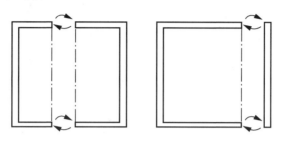

图 5.32　门位置对空间使用的影响(左为原方案门位置,右为调整后位置)

由前面章节可知,幼儿的视线相对较低,而成年人的视线又相对较高,活动室的窗的设计就应该考虑成人与幼儿之间的兼容性,窗通常用大小不一,高低错落的形式组合:一方面有利于点缀和丰富建筑的外立面;另一方面又便于室内采光、通风。在具体设计中,通常会将窗分为上、下两部分,上面部分给成人用,而下面部分能让幼儿直接观察到室外场景;基于安全性,下面部分通常固定设置,上面部分设置为开启便于通风,改善活动室室内微环境。

为了保证采光的需求,规范规定活动室的窗地面积比最小为1:5,采光系数最低值为2。为了保证安全,规范规定:活动室的窗台距地面高度不应大于0.6m,并应采取防护措施,防护高度由地面起计算不应低于0.8 m。距地面高1.3m内不应设平开窗扇。

设计时,应考虑窗台的复合使用功能。因为窗台部分总是阳光灿烂,适宜布置成一个小小的自然角,供幼儿观察花、鸟、鱼等。因此,窗台深度可以加宽至0.3~0.4m,以搁置花盆;此外,窗台的设计还可以结合休憩或者储藏来设计。这样不仅有利于提高空间的利用率,同时,也能增加空间的趣味性(图5.33和图5.34)。

图 5.33　某幼儿园将休憩与活动空间安排在窗台

图 5.34 德国"探索"幼儿园利用窗台作休憩与图书角

在幼儿园设计中，可以用色彩对比的方式对门窗洞的边框用色彩加以粉饰，能突出建筑内轮廓的作用，可以使幼儿园建筑面目清晰，给人以爽快、舒适的感觉。冷色波长较短，会产生视觉上的后退感和收缩感，如图 5.35 所示为彩虹幼儿园门的色彩处理。

图 5.35 彩虹幼儿园门的色彩处理

2）楼（地）面

楼（地）面是幼儿接触最多的"界面"。从安全、卫生等角度考虑，地面材料不建议用水泥地面或水磨石地面，通常多采用木地板、胶地板等，这类材质偏向软材质，幼儿在玩耍中不至于受伤。从色泽上看多偏暖色调，这与幼儿的认知心理有着密切联系。因此，要认真地对楼地面进行精心的设计。

在设计前期，活动室的活动空间较大，平整的楼地面难以满足活动室的各种功能需求，空间就会显得平淡单调，而活动室也就失去趣味性。为了更好地满足活动空间的不同功能需求，增加活动室空间的层次性与多样性，丰富视觉空间，利用不同的标高，形成下沉空间与上升空间，如图 5.36 所示为天津国际幼儿园活动室，高差的变化形成了不同的功能区域，同时丰富了楼地面的垂直空间的变化。基于幼儿的安全考虑，高差变化不大，而色彩的运用则进一步增加了活动室空间的趣味性。通常活动室还应考虑多功能的可能，家具及铺装二次划分是实现这种可能的重要方式。如图 5.37 为 Neufeld an der Leitha Kindergarten 活动室，楼（地）面可考虑用地毯来进行二次空间分割。这样，既有利于提高活动室的空间利用效率，又可对幼儿起到一定的保护作用。

图 5.36　天津国际幼儿园活动室

图 5.37　Neufeld an der Leitha 幼儿园活动室

3）顶面

顶面一般无需做吊顶，直接用结构自身的形态，饰以白色乳胶漆提高顶棚亮度和反光效果即可。由于在实际使用中，园方往往会在活动室的顶面做一些吊饰和装饰，以改变空间的氛围，通常在活动室的顶面设计成各种造型的天棚，配置适宜的灯光，也可通过增加若干吊钩、杆件或者软装饰进行后期处理，能更好地满足使用要求（图 5.38 和图 5.39）。顶面的高低变化也能给空间带来丰富的变化，如顶面的提高给人以开阔、自如的感受，而顶面的降低则给人以亲切、温暖、宁静的感觉。如图 5.40 所示为日本"光之家"幼儿园的顶界面处理，不仅获得了良好的自然采光，还丰富了顶界面。

图 5.38　彩虹幼儿园的顶面装饰

图 5.39　稻田间幼儿园活动室的顶面装饰

图 5.40　日本"光之家"幼儿园

3. 活动室的家具

通常活动室的家具与设施可分为教学类和生活类两大类。前者包括桌椅、玩具柜、教具、作业柜、黑板等，后者包括分餐桌、饮水桶及口杯架等，以及由上述功能组合而成的整体家具。

为了满足幼儿园保教的需要，应根据幼儿体格发展特征，在活动室内配置符合幼儿人体工程学要求的若干家具，或者进行特定功能与形式的家具设计。幼儿家具设备应根据幼儿体格发育的特征，适应幼儿人体工学的要求，所有家具必须稳固，避免尖锐棱角，棱角部位应做成圆弧形，保证幼儿使用安全和方便。家具造型应新颖，色彩明快，家具还需易于擦洗消毒。同时，家具应坚固、轻巧，便于幼儿搬动，造型和色泽应新颖、美观，富有启发性和童趣，以适应幼儿多种活动的需要。

活动室的家具种类多，大小和体量不一，若全部单独配置，则显得零乱，且边边角角过多，不利于幼儿的活动安全。可以将不同功能的家具组合成一个整体，作为划分空间的家具隔断，甚至将家具设计成为墙体的一部分。如图 5.41 所示为东京圣心国际学校正在分期重修学校的各个建筑，为了大约 10 年的过渡时期，为幼儿修建了一座白色的建筑。因为是临时建筑，建筑师设计了一个临时的、紧凑的、高效的圆状建筑，7 个房间围绕一个开放的中心大厅。墙壁被设计成可以重复使用的储藏架。它们划分出了现在的教室空间，可以被轻松组合以及反复使用。在这里，家具就是墙体，墙体也是家具。储藏架连同座椅都能在以后新建筑修好后继续使用。

图 5.41　东京圣心国际学校

除了把家具作为隔断，还可以把家具镶嵌进墙体，或者是将家具和建筑的某个部件（如窗台）结合成不可分割的整体。如图 5.42 所示为美国新泽西州男孩女孩俱乐部，窗台的下部空间作为玩具柜使用，玩具柜的台面成为又宽又长的窗台。玩具架与其中一个大的、突出墙面的窗排列在一起，二者一虚一实、一明一暗，相映成趣。

这样，不但扩大了幼儿的活动空间，而且因某些家具嵌入墙体内，从而大大提高了幼儿活动的安全性，同时也提高了室内活动的环境质量。

在家具的竖向安排角度，通常以 1.2m 高度进行划分。1.2m 以下的空间作为幼儿的图书架、水杯架、玩具柜、美工作业柜之用，1.2m 以上用于教具、音响器材、物品的存放，给教师使用。

图 5.42　美国新泽西州男孩女孩俱乐部

4. 国内外幼儿园活动室实景照片(图 5.43～图 5.46)

图 5.43　彩虹幼儿园活动室内部

图 5.44　博洛尼亚新的儿童中心活动室内部

图 5.45 拉马特甘幼儿园活动室

图 5.46 维尔达幼儿园活动室

5.2.2 卧室详细设计

根据儿童的生理特点,儿童卧室一般设睡眠区、学习区、娱乐区和储物区,这些区域也可兼而用之。

全日制幼儿园卧室的使用率较活动室低,朝向要求也不及活动室严格,但也要尽可能争取好的方位,多接受阳光照射。冬季采暖而又较冷的地区和虽有采暖设备的严寒地区,卧室不应朝北设置,以免室温过低,特别是得不到一定的阳光紫外线照射,会影响幼儿健康。夏季炎热地区要防止靠南向外窗的床位受阳光照射,宜采取窗的出檐、遮阳等措施。

卧室的采光要求可低于活动室,为保证幼儿午睡时不受强烈光线的刺激,卧室的采光不应过量,且最好设置深色窗帘。

儿童卧室应通风良好、光线充足。在确定合理的净高(不应低于 2.8m)以保证卧室有足够的空气容量外,还要保证良好的通风条件,但注意要避免风直接吹到幼儿头部。卧室的门窗设计，满足窗地比1∶6即可。这样可以使卧室内光线柔和，如果配置窗帘，光效果会更佳。窗台的高度一般要高于活动室的窗台，达到0.9m。

卧室内的主要家具为床，为节省面积，可以采用轻便卧具或活动翻床，也可以在活动室旁布置一小间安放统铺。若卧室与活动室合并设置，面积按两者面积之和的80％计算。

儿童卧室内的电器不宜多，尤其是年龄较小儿童的卧室，以防不小心触电。此外，儿童卧室不宜设置大镜子、玻璃柜门、热水瓶之类的易碎品，以防意外事故。

幼儿的卧具由于要定期进行日光消毒，卧室最好设置室外平台或阳台，以提供晒卧具的方便。

1. 卧室的平面形状与尺寸

卧室的平面形式与活动室相比，家具布置的灵活性要求相对要小。由于床具为矩形，为考虑有效使用，卧室一般以矩形平面为宜，其尺寸需根据每班床位数及其布置方式而定，平均每床不小于1.6m²。

通常情况下，卧室的平面形状有两种，其平面尺寸有所不同：一种是卧室矩形平面的短边朝南；此种卧室平面，幼儿通常从卧室矩形平面的一条长边进入，此时根据最经济的床具布置方式，得出卧室平面的净尺寸为4.9m×9.7m，使用面积为47.53m²，平均每个幼儿占用1.58m²；另一种是卧室平面常常与活动室组成一个大空间，活动室朝南，卧室居北。幼儿是从矩形卧室的一条长边进入。此时，根据最经济的床具布置方式，卧室平面净尺寸为9.0m×4.9m，使用面积为44.1m²，平均每个幼儿占用1.47m²。

如果消除横向过道(宽0.9m)，幼儿直接从活动室分别进入床具通道，则卧室平面尺寸还可以压缩，呈9.0m×4.0m，其使用面积为36m²，平均每个幼儿占用1.2m²。

2. 卧室界面设计

由于幼儿园卧室环境的与成人卧室具有较大的差异性，色彩和空间搭配上最好以明亮、轻松、愉悦为选择方向，不妨多点对比色，用这些来区分不同功能的空间效果最好，过渡色彩一般可选用白色。

幼儿园卧室的地面一般以软材料为主，如木地面、地毯，有时也可以在木地面基础上配置局部的羊毛地毯，这样，既能丰富地面材料的质感和色彩，同时又可起到空间组织的限定作用。

卧室的侧界面通常采用粉刷、墙纸、涂料或局部木饰、软色织物与墙纸、涂料相组合的方式进行处理，如图5.47所示。而顶棚通常可较为简洁淡雅，一般以淡雅的白色内墙涂料(乳胶漆)较为常见，如图5.48所示。总之，卧房的界面应强调简洁、亲切、温馨和宁静，以满足睡眠功能要求。切忌用那些狰狞怪诞的形象和阴暗的色调，因为这些饰物会使幼小的孩子产生可怕的联想。

由于儿童喜欢在地面玩耍，因而地板的选择尤其显得重要。幼儿卧室最好选用易清洁的强化地板或免除跌打受伤的软木地板，也可以选择避免接触污染的抗菌地板。

由于卧室以睡眠为主，因此卧室窗采光只要满足设计规范要求的窗地比为1∶6。基于幼儿的安全考虑，一般需要高于活动室的窗台，达到0.9m。不到0.9m时，窗的下部要设计成固定窗或加护栏。

卧室是否设门，视具体情况而定。若设门，则宜采用双扇外开门，这样有利于疏散。

图 5.47　柏林 KITA Drachenhöhle 幼儿园

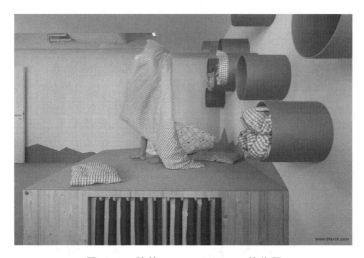

图 5.48　柏林 KITA Loftschloss 幼儿园

3. 卧室的家具与陈设

贮藏间或壁柜：卧室内应附设贮藏间或壁柜以存放卧具，对于寄宿制幼儿园还应考虑存放每一幼儿衣物的面积。为便于存放整齐和避免乱拿，每一幼儿的衣物应在壁柜内占据一格。贮藏间或壁柜的位置最好在卧室入口附近，以便于保育员管理，但应注意不要影响床位的布置。柜门尽可能窄，以保证走道通畅。壁柜位置应有利于保持干燥、通风良好。

床及床位布置：床是卧室的主要家具，其形式、尺寸，选材必须充分考虑幼儿的尺度和生长的特点。

1）床的尺寸

应适应幼儿的身体长短，即床长应为身长再加 0.15～0.25m，床宽应为肩宽的 2～2.5 倍，为使幼儿能够自己铺放被褥以及上下床的方便，床距地不应太高，幼儿园寝室幼儿床尺寸见表5-2。

表5-2　幼儿园寝室幼儿床尺寸　　　　　　　　　　　　　　　单位：cm

班　　级	长(L)	宽(W)	高(H)
小班	120	60	30
中班	130	65	25
大班	140	70	40

2）床的形式

幼儿睡眠时的随意翻动易使枕头和衣被滑落床下，因此，需在床四周设挡板，考虑幼儿自己上床的方便，可在两侧挡板的一端降低其高度。寄宿制幼儿园每一幼儿必须有独用的床具，而全日制幼儿园因睡眠时间相对短，为节约卧室面积，可采用双层床、折叠床、伸缩床、床垫等形式床具。但应考虑幼儿园大、中、小班幼儿的生理特点，保证使用过程中的方便与安全性。

3）床的布置

床位布置应做到排列整齐，走道通畅，卧室内主通道不应小于0.9m，次通道不应小于0.5m，两床之间通道不宜小于0.3m。为便于保教人员照管，每个床位应有一边靠近过道，要使每一幼儿都能独自方便地上下床，并互不干扰。常采用两床相靠或成组排列方式，但并排床位不应超过2个，首尾相接床位不宜超过4个，既并排又首尾相接的床位不宜超过4个，避免将床位连成通铺造成幼儿只能从床位的端部上下。由于外墙面在冬季较冷，为防止幼儿受凉，应将床位与外墙面保持适当距离，床不能紧贴外墙和窗布置，床与外墙和窗的距离不应小于0.4m。如果窗户下面有暖气设备，也应将床位避开布置。具体布置时，可参照如图5.49所示的要求排列。

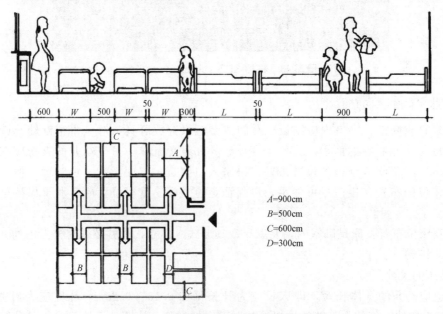

图5.49　幼儿园寝室床位布置间距尺寸

5.2.3　卫生间设计

卫生间属于幼儿园班级活动单元的重要组成部分，是幼儿生活用房中使用频繁的房间，由盥洗、厕所、洗浴三部分组成。寄宿制幼儿园及炎热地区全日制幼儿园还应设置洗浴小间或浴盆(淋浴喷头)，也可则独立设置幼儿浴室。

1. 卫生间设计要求

(1) 从卫生防疫和方便管理考虑，应以每班独用为宜，尽量避免合班使用。

(2) 卫生间包括盥洗和厕浴两个部分，最小使用面积不得小于 $15m^2$。在设计中，应使盥洗和厕浴两部分合理分区，避免混设。

(3) 按照幼儿园一日生活管理规程及幼儿生理的特点的来看，幼儿卫生间，特别是盥洗室使用频繁，与幼儿活动关系密切，这就决定了因此它不像其他公共建筑的卫生间需要设于较隐蔽的位置，而应在临近活动室和寝室的明显位置设置(图5.50)，当寝室与活动室分层集中设置时，还应在寝室内增设一个较小的厕所，以备幼儿睡眠过程中使用。

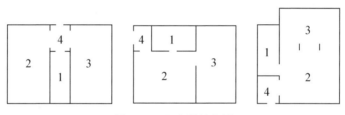

图5.50　卫生间的位置

(4) 为使活动室及寝室保持良好的卫生环境，厕所和盥洗室应分间或分隔，将盥洗室设在前部，厕浴设在后部，并有直接的自然通风，以防止臭气外溢。

(5) 卫生间应便于清扫，防止积水，地面应设地漏，并向地漏方向做5‰找坡。

(6) 卫生间的布置应组合紧凑，管道集中，上下层应对位布置。

(7) 幼儿卫生间卫生设备的数量应满足《托儿所、幼儿园建筑设计规范》(JGJ 39—87)规定，每班卫生间内最少设备的数量，见表5-3。

表5-3　每班卫生间内最少设备的数量

污水池/个	大便器或沟槽/个或位	小便槽/位	盥洗台(水龙头)/个	淋浴/位
1	4	4	6~8	2

2. 卫生间的平面设计

卫生间应紧靠活动室和卧室设置，可单独设置，也可与活动室合并，还可考虑跃层式，通过楼梯与活动室联系。当卧室设于上层时，应附设小厕所(一个厕位)，以备幼儿应急之用；从卫生和管理的角度来看，卫生间应避免合班设计，且最小使用面积不得小于 $15m^2$，而在实际中，即使满足了额定面积的要求，功能也不一定合理，这主要是因为卫生设施的平面布置对平面的形状影响很大。为了提高卫生间平面的利用率,幼儿园卫生间建议采用长方形,净尺寸为 2.76m×5.92m。在设计过程中,应考虑合理分区(图 5.51)。

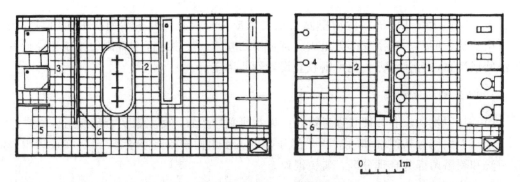

图 5.51　卫生间平面布置

1—厕所；2—盥洗；3—洗浴；4—淋浴；5—更衣；6—毛巾及水杯架

3. 卫生间的设备

幼儿卫生间内应设置的主要卫生设备有:大便器、小便器、盥洗台、污水池、毛巾架等,据需要还应设置淋浴器或浴盆、清洁柜等。

1) 大便器

目前幼儿卫生间常用的大便器有蹲式大便槽、蹲式大便器、坐式大便器三种(图 5.52~图 5.54),无论采用何种大便器均应有 1.2m 高的架空隔板,并加设幼儿扶手。每个厕位的平面尺寸为 0.8m×0.7m,蹲式大便槽的槽宽为 0.16~0.18m,坐式大便器高度为0.25~0.30m。

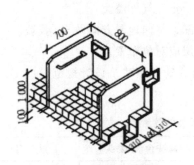

图 5.52　蹲式大便槽

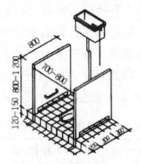

图 5.53　蹲式大便器

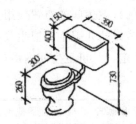

图 5.54　坐式大便器

三种大便器分别有如下特点。

(1) 蹲式大便槽:施工简便、造价较低,不易引起幼儿交叉感染,但由于集中冲洗槽内要有一定坡度并防止粪便溅出,使得大便槽深度较大,当幼儿在跨越便槽时易产生恐惧心理。这种大便槽在卫生防疫上也并不十分理想,因为一旦发现便槽内有大便异常,则不易辨认需做重点消毒处理的部位,只得进行整体消毒。

(2) 蹲式大便器:这是比较理想的大便器,主要优点是符合卫生防疫要求,既可以培养幼儿自己动手冲洗的能力，也可以消除蹲式大便槽过深而引起的恐惧心理。如果某个蹲坑内发现大便异常也能及时进行重点消毒处理并易查询病儿进行检疫。但管道易堵塞，损坏后更换也较困难。

（3）坐式大便器：与蹲式大便器相比使用更舒适、安全，外形较美观。但是易引起交叉感染，设备造价较贵。

2）小便器

常用的小便器有小便槽和小便斗（图 5.55）。小便槽设计应注意踏步适合幼儿尺度，高以不超过 0.15m 为宜。小便斗斗高为 0.30m，间距不应小于 0.60m。

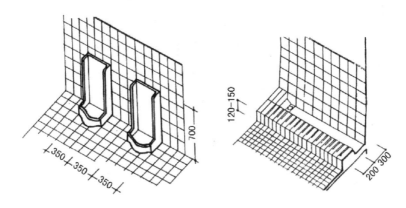

图 5.55　小便斗与小便槽

3）盥洗台

盥洗台可根据卫生间的平面，沿墙设置为槽式盥洗台或不靠墙呈岛式布置。布置为槽式盥洗台时，幼儿可排成一排同时盥洗，适用于较窄长的盥洗间；布置为岛式盥洗台时，幼儿可两面站排，同时盥洗，适用于较方整的盥洗间，也可与淋浴喷头组合为多功能使用；盥洗台台面高度与宽度应适合幼儿尺度，一般台面高为 0.50～0.55m，台面净宽为 0.40～0.45m；水龙头位置不应过高，以防溅水，龙头形式以小型为宜，其间距为 0.35～0.40m；在盥洗台上方的幼儿身材高度范围内宜设通长镜面，并设置放肥皂的位置（图 5.56）。

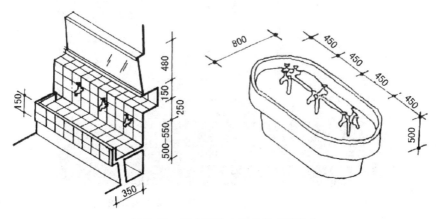

图 5.56　槽式盥洗台和是岛式盥洗台

4）毛巾架

根据幼儿卫生要求，每班必须设置毛巾架，以悬挂每一位幼儿洗脸洗手用的毛巾，其位置应接近盥洗台。毛巾架常用活动支架式，使用灵活方便，可随时拿到室外进行日光消毒，但占据一定面积，容易造成空间拥挤。毛巾架应使每一条毛巾在悬挂中不相互接触，以免交叉传染眼病。因此，挂钩水平间距应为 0.10m，行距应为 0.35～0.50m。根据幼儿身材不同，小班的毛巾架最下一行距地为 0.50～0.60m，中大班为 0.60～0.70m，最上一行距地不大于 1.2m。为了节约毛巾架所占据的面积，还可做成活动毛巾棍悬挂在墙壁上，进行日光消毒时，只要取下毛巾棍即可。

5）污水池

供保育人员冲洗拖布、洗刷便盆、打扫卫生时用。污水池不宜太大，为避免溅水，污水池要有一定深度，池底应设坡度坡向地漏。

6）清洁柜

存放清洁用具，柜内上部设置搁板，可放肥皂、消毒液、洗涤剂等。柜内下部存放水桶、脸盆、扫帚、簸箕等。柜门里侧设置挂刷子、抹布的挂钩。清洁柜的位置尽可能凹入或半凹入墙内，以减少占用面积。

7）洗浴盆或淋浴小间

为夏季幼儿洗浴用。一般南方全日制幼儿园在卫生间内设置淋浴小间或双浴盆，寄宿制幼儿园宜设置集中浴室，淋浴喷头也可与岛式盥洗台组合设置。这样，可少占或不占空间，但淋浴喷头较高，需集中关闭，使用不够灵活。

4. 卫生间的界面设计

卫生间应保持干燥、清洁、卫生，因此，墙面应该贴清洁耐用瓷砖面，地面宜采用防滑地砖。顶面宜采用扣板装饰，以起到防水及美观的作用。在这些基本要求之外，卫生间的界面还应利用瓷砖等材料的色彩变化，营造色彩丰富的空间（图 5.57～图 5.60）。

图 5.57　柏林 KITA Drachenhöhle 幼儿园的卫生间盥洗室

图 5.58 彩虹幼儿园的卫生间盥洗室

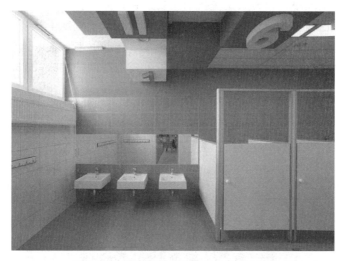

图 5.59 波兰某幼儿园的卫生间盥洗室

图 5.60 波兰某幼儿园的卫生间盥洗室

5.2.4 衣帽间设计

幼儿对气候、温度变化的适应性差，为适应早晚、室内外气温变化，幼儿穿戴衣物相对成人要多，为存放幼儿衣物，以避免将衣帽放入活动室内而影响使用和整洁，衣帽贮藏室是必不可少的用房。在北方，尤其是寒冷地区常在进入活动室的前部设置衣帽贮藏室。有的幼儿园会将晨检室与衣帽贮藏室合设于门厅附近，因此它也可以作为从室外进入活动室的过渡空间。

衣帽间与活动室有直接的联系，它要考虑与活动室功能的关联性并作为活动室的辅助空间。通常会将衣帽间设置在活动室或卧室之间，有时可考虑放在入口处，又或者布置在走廊，具体可视设计需求来安排衣帽间的位置。

1. 衣帽间的平面设计

由于衣帽贮藏室较小，常常又是进出的主要途径，因此存衣设施宜沿墙布置。为便于幼儿进出活动室自己检查服装整洁情况，可在衣帽贮藏室设置镜子，镜下缘距地面 0.25～0.30m，高度应适合幼儿身高。有时，衣帽间也可结合走廊来布置，这样不仅可以有效地提高走道的空间利用率，又可以丰富走道空间的形式与空间的趣味(图 5.61～图 5.63)。

图 5.61 柏林 KITA Loftschloss 幼儿园走廊边上高低错落的衣帽架

图 5.62 某幼儿园的衣帽间

图 5.63 St. Sebastian 幼儿园布置在走廊一侧的衣帽间

2. 衣帽间的界面设计

在设计过程中，衣帽间的界面环境要求不如活动室、卧室等功能房的界面要求高，其界面的设计与其他功能房的界面设计一致即可，不需进行繁杂的装饰。

本节知识要点提醒

通过本节学习，首先应该认识到班级活动单元的详细设计必须满足现有设计规范的要求。如《幼儿园建筑设计规范》规定了活动室、卧室、卫生间、盥洗室、衣帽间等房间的最小使用面积，规定了每班卫生间卫生设备的最少数量限值，规定了活动室、多功能厅的窗台距地面高度不应大于 0.6m，规定了活动室、卧室、多功能厅等幼儿使用的房间应设双扇平开门，其门净宽不应小于 1.20m 等。其次，确定"空间"（包括房间、大厅、走廊、外部空间等）的平面形状、剖面形状及其尺寸，各功能空间之间的形态组合。比如，幼儿园活动室的平面是方形、圆形还是其他形状，如果是方形的话，长边与短边的尺寸多少，室内净高如何，功能房是串联组织还并联组织或是综合形式等。再次，家具、设备与陈设的详细设计。比如，我们要考虑幼儿园的卧室需要布置哪些家具？床、衣柜或者还有其他？床的大小还有材料、色彩、造型是什么样的？床的位置、床和床之间、床和墙之间的距离如何？每班的卫生间设置什么卫生设备？各设备的数量和位置呢？最后，满足规范要求的设计还不能称其为一个优秀的设计，要做好详细设计，还需考虑功能的合理性、尺度的适宜性、空间的趣味性、视觉的美观性和使用的经济性等。建筑细部设计要便于使用者的活动，关注幼儿各种活动的基本规律和生活习惯。

5.3 幼儿室内公共活动空间详细设计

幼儿园室内公共活动空间包括两大部分：一是以"室"的形态出现的各种用房，其空间的围合度高，相对独立而封闭。供幼儿特别教学活动使用的专业用房，包括图书室、美工室、科学发现室、建构游戏室等，以及给幼儿园在室内进行大型集体活动的多功能厅，都属于这种空间形态；二是以"厅、庭、廊"形态出现的公共空间，其空间组织较灵活，通过利用门厅、过厅、中庭、走廊端部或者拓宽走廊等，适当加以设计，形成幼儿活动与交往的公共空间，这种空间在形态上更开放，在使用上有多种功能叠加在一起，具有复合空间的属性。常见的室内公共活动空间主要包括以下几种。

5.3.1 音体活动室设计

由于音体活动室机种比各班级活动室面积大，其结构形式就不同于班级活动室。因此在考虑音体活动室位置时，要统筹兼顾两者的功能联系与结构合理。

空间面积视幼儿园的条件而定，但不能过小，应考虑能举行大型活动。为保证幼儿在紧急情况下的安全疏散，音体活动室应设 2 个双扇外开门，门宽不应小于 1.5m，两门间距应大于 5m。音体活动室的跨度比较大，应尽量有足够的自然采光，窗面积应该满足窗地比为 1：5 的要求，以保证室内有足够的均匀照度；朝向内院一侧宜做有保护玻璃措施的落地窗，配合平台、绿化等使室内外空间和景观密切结合，但应避免单纯为了造型而扩大窗面积的做法，以避免可能产生的东、西晒或致夏季室内温度过高的情况。因音体活动室的使用噪声较大，宜独立设置。独立设置时，需设连廊与主体连通。

1. 音体活动室的平面布置形式

音体活动室的形状除要满足使用功能外，应体现明快、活泼的儿童建筑的特点。一般除长方形、正方形外，还可设计成多边形、圆形及不规则的平面形状。舞台可选用固定式舞台和台阶，此种方式可满意各种小型扮演的需求，也可丰富音体室的室内空间，平常可作为孩童展开各种活动的台阶，孩童可随意攀爬、歌唱、排练。也可用积木式坐凳组合成活动室小舞台，既可满足运用功用，也可节省空间。

音体活动室因其体量较大，确定平面形状应注意使体形活泼，可以形成幼儿园的标志性建筑，体现儿童建筑的特色。

2. 音体室空间"界面"详细设计

音体室的侧界面中应保证有一面为实墙，以作为舞台背景使用，如图 5.64 和图 5.65 所示。音体活动室室内净高不应低于 3.6m。音体活动室地界面设计中，应该考虑幼儿的视线问题，按不一样功用区域运用地上高差进行区分，丰富空间形状，满足各种活动的需求，可将地界面设计成台阶状。与此同时，幼儿有自己的私密空间，通常是一个、两个或是三个人组成一个小群体，因此，在台阶式的座位设计中可考虑设置小平台，同时应做好安全设施。例如主场所可作为孩童进行音体活动或作为观摩教育场所，而台阶可作为看台或供孩童席地而坐。材料宜采用木地板等富有弹性的材料，幼儿在音体活动室内活动时噪声太大，所以其天棚、地面可结合装修、设置吸声材料。在音体室界面设计的详细过程中，除了兼顾幼儿使用的趣味性之外，还应考虑各界面的音响效果。

图 5.64 某幼儿园的音体室

图 5.65 巴西黄金幼儿园音体室

3. 音体活动室的家具与设施

若面积超越 150m² 时，可设简便小舞台，以满足小型扮演的需求。小舞台尺度为：深 4～4.5m，高 0.6～0.8m。舞台地上以木地板为宜。附近设一间贮藏室，以备寄存家私、教具和电声设备等。舞台地面以木地板为宜。

小舞台形式有以下两种。

（1）固定式舞台或台阶。此种形式既满足了小型演出的需要，也丰富了音体活动室室内空间，平时可当做幼儿开展各种活动的台阶，幼儿可随意攀爬，也可进行组、团活动或唱歌排练等用。

（2）利用积木式坐凳、活动式地板可组合成活动式小舞台。这种舞台既可满足使用要求，也节省了空间。

音体室室内应考虑影视设备和银幕挂设的需要，同时应设计各类灯光照明，并进行音质分析，以提升音体室的功能。

5.3.2 美工室设计

幼儿园的美工室是一种幼儿活动室，他们的绘画或手工活动并不只是为了完成美工作品，而是培养对美的兴趣与爱好。美工室以朝南为宜，应避免东、西向。为了尽可能多地利用实墙面积作为美工墙或展示用，美工室采光只要满足窗地比 1：5，采用单面采光即可，不必南北双面开窗。

1. 美工室的平面形状

美术室平面形状要服从幼儿园建筑整体设计，但仍以矩形为宜。其面积可容纳一个班级幼儿的活动，约与班级活动室面积相当。在确定美工室的平面形状时，我们还应兼顾美工室区域的划分，通常可划分为绘画区、手工区、美术作品展示区。

2. 美工室的界面设计

由于美工活动的特殊性，它与其他的功能房有明显的差别。美工室的界面详细设计包括墙面、地面以及顶面的造型、材质和色彩等方面的处理。一般而言，美工室是幼儿发挥想象力和创造力的公共空间，其空间的界面设计可采用大胆的造型和夸张的色彩，并充分利用软装饰丰富界面效果，以创造出独特的氛围，从而激发幼儿的想象力和创造力（图 5.66～图 5.68）。由于在美工教学的过程中经常使用各种各样的颜料，为了便于清洗，因此地面建议采用塑石地材铺贴。

图 5.66　瑞典特力幼儿园的美术室、陶土室

图 5.67　Mokumoku 幼儿园的美工室

图 5.68　Massimo Adiansi Nursery 幼儿园的美工室

5.3.3　图书室设计

幼儿在图书室里看画册也是一种活动方式，为了营造阳光明媚的室内气氛，有利幼儿身心发展，图书室应以朝南为主。因图书室属于静区，因此不宜设置在活动室内，避免造成干扰，但可以设置在各活动单元附近，以利各班幼儿能方便到达。如果设在教学楼外，应有连廊相接，可使幼儿不受天气影响而直接到达。

由于幼儿翻看画册的方式与成人阅览有所不同，因此涉及幼儿园图书室平面的设计有较特殊的个性。幼儿看画册用的桌椅应适合幼儿尺度，基本与活动室的桌椅尺度相同，只是桌椅形状应更富于趣味性。特别是书架高度应适合幼儿自取图书的范围，高度一般不要超过 1.20m。

幼儿喜欢几个人在一起翻看画册，边看边讲自己的感想，甚至由教师讲画册中的故事，幼儿边听边问，这是他们自身的一种乐趣。因此，图书室桌椅宜成组布置。而书架不易集中布置，以免幼儿取书时走动太多。书架可以沿墙布置，也可以布置在室内中央，或者作为分组阅读的空间划分手段。在桌椅布置上也要适当放一两张单人桌椅，以适合个别幼儿喜欢一个人看画册的习惯，这类幼儿会看得很仔细，一边看一边随意加上自己的想象，或者浮想起教师给他作的讲解，从中得到满足(图 5.69 和图 5.70)。

图 5.69　Wahroonga Preparatory 幼儿园的图书室

图 5.70　某幼儿园的图书室

5.3.4　其他兴趣活动室设计

随着幼儿教育的发展，幼儿园的功能在不断扩展或延伸，特长教育也逐渐向幼儿教育渗透。因此，幼儿园除了有进行正常的德、智、体教育的场所外，还应增设一些与可熏陶幼儿素养的其他功能空间，以全面适应幼儿教育的需求。这些包括音乐舞蹈室、科学发现室、建构室等。对此类功能房，在参考上述功能房进行处理之外，还需作相应的针对性考虑。

1. 音乐舞蹈室

作为一个具有音乐舞蹈特色的幼儿园，需要有一个正规的音乐舞蹈活动室作为训练场所。由于音乐舞蹈室在使用过程中会产生噪声，其位置应远离班级活动单元，以避免对其造成影响。作为音乐使用时，要考虑安放钢琴的位置。在音乐舞蹈活动室旁可另设一间储藏室，以存放必要的家具、电气设备、音乐器材等。更完善的音乐舞蹈室还可增设若干间琴室。每间琴室应为不规则平面，以保证声音效果。为方便管理，琴室应集中成区；作为舞蹈室使用时，应考虑在端墙设高为 1.80～2.00m 的通长照身镜，并在镜前 0.30m 处设练功把杆（最好可升降），以便幼儿在舞蹈或练功时能看到自己的形体动作，也可保护幼儿在活动时不至于撞上照身镜发生事故。

在音乐舞蹈活动室入口附近应设一间幼儿更衣室，或在室内（或走廊）设置衣柜或挂衣钩。音乐舞蹈活动室的地面应为架空木地板，以保证一定的地面弹性。

2. 科学发现室

应有一间固定的教室供幼儿展开不受外界干扰的爱科学的兴趣活动，它可以与其他公共活动室组成综合楼（其中，科学发现室以朝南为佳），以便于日常统一管理。

幼儿园科学发现室的面积以 50m²、平面形状以矩形为宜，主要是因为便于展台、工作室、橱柜等的布置，也便于教师能观察室内每个角落。倘若平面不规则，则须根据活动内容的不同进行功能分区，使室内空间组织井然有序。

科学发现室内有些展示品是提供幼儿观察认知的。这些展示品如各种鸟、蝴蝶等的标本，需要挂在墙上陈列，一些观察仪器需要放在桌面上供幼儿动手使用，有些植物的生长过程需要供幼儿了解，各种金鱼需要一个鱼缸展示等，所有这些都要在平面上精心安排。为了使一些观察活动、演示活动能够正常进行，需要配置水池、插座等。在朝阳的窗台处最好有通长的台面，此处最适合让幼儿观察植物（如黄豆）的生长过程，也是观察小动物活动的最佳区域。此外，科学发现室需要有一面实墙，以便设置橱柜，供仪器、物品等存放。

3. 建构室

建构室通常可独立设置，也可置于公共空间，或含在音体活动室，或置于走廊一侧（转折节点处）。不同的位置有不同的优缺点，应根据具体情况进行合理选择。

建构活动深受幼儿的普遍喜爱，也有利于拓展幼儿的视野。建构室要为幼儿提供积木类、积塑类、纸盒、泡沫、纸片等各种材料，满足幼儿建构各种形象的需要。周边环境宜多贴各种建筑、交通工具以及先进科学设备的图片，便于幼儿的学习和再创造，培养他们的形象思维能力和创造能力。

5.3.5 门厅及中庭活动空间设计

在幼儿园建筑设计中，门厅是连接室外到室内的重要过渡空间。它既可以联系水平交通枢纽，也可以作为垂直交通的枢纽，同时还作为幼儿园班级活动单元的连接体。作为建筑的入口处，门厅兼有接待功能。如图 5.71 所示为芝加哥某幼儿园大厅，门厅设置了用于父母接送孩子的等候区，大的天窗提供了充足的自然光线，在入口处设置一个扩大的休闲广场，作为家长等候、交流的场所。如图 5.72 所示为 Mokumoku 幼儿园入口处的门厅，门厅完成了室内外的过渡，同时一个醒目有特色的大门设计可增强幼儿园的识别性，使幼儿有归属感。

图 5.71　芝加哥某幼儿园大厅

图 5.72　Mokumoku 幼儿园入口处的门厅

　　门厅的形式是多种多样的，有半开敞式、架空式以及封闭式。在北方地区，由于气候等因素的影响，通常采用封闭式为主，有时还要设置门斗，且双层门中心之间的距离不应小于 1.60m；在而在南方地区，门厅通常采用半开敞式，朝向内部庭院的一边全部打开，或做框景处理。幼儿园与其他公共建筑不同，门厅的设计必须注意尺度，避免过大或过小，一般根据幼儿园的规模等来控制门厅面积。小型幼儿园门厅面积一般以 $30\sim40\mathrm{m}^2$ 为宜；中型幼儿园一般以 $50\sim70\mathrm{m}^2$ 为宜；大型幼儿园以 $80\sim100\mathrm{m}^2$ 为宜。

　　中庭通常是指建筑内部的庭院空间，其最大的特点是形成具有位于建筑内部的"室外空间"，是建筑设计中营造一种与外部空间既隔离又融合的特有形式，或者说是建筑内部环境分享外部自然环境的一种方式。

　　在幼儿园设计中，中庭通常用来组织各功能空间，它的功能与过厅类似。中庭的应用可解决观景与自然光线的限制、方向感差等问题。在中庭空间内，通过创造来丰富景观而又不显得拥挤,可依不同的景观设计做微地形处理。结合建筑,在中庭开挖规则式或自然式水池,营建喷泉、跌水、地泉、小溪流、水石等水体景观,引水入户,可使人更加贴近自然。如将地面处理成自然起伏形态,再配上植物,可呈现自然风貌,充满野趣。在"理想房子"幼儿园中的树与不规则中庭,以及环大树幼儿园,很好地解决了上述问题(图 5.73 和图 5.74)。

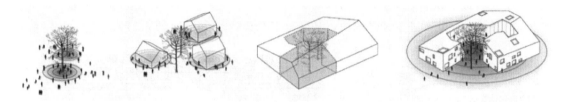

图 5.73 "理想房子"幼儿园——树与不规则中庭

图 5.74 环大树幼儿园

5.3.6 走廊公共活动空间设计

走廊是幼儿园连接各功能室与楼层、方便幼儿和教师行走的通道。它的合理性、科学性和趣味性的造型设计,将有助于突出幼儿园特点、增加幼儿活动空间,更有助于班级之间的活动观摩和联系。同时也方便幼儿之间的交往,更好地满足幼儿之间的合作、分享、互助以及向他人学习的要求。而在传统的幼儿园设计中,走廊是联系各个封闭型活动单元的交通空间,缺乏趣味性。幼儿园设计新观念之一是塑造有趣而富有变化的空间,让儿童在游戏中学习和成长。为了达到这个目的,建筑师应利用走廊设法为孩子们提供尽可能多的组合空间,例如宽敞而屋顶较高的走廊,小型但可以用于捉迷藏的空间,以及宽大的可同时容纳很多成人和儿童活动的公共空间等,不一而足。其中的典型代表作是位于兰德斯的明日日间托管中心。

在设计中,可将走廊这个交通空间转化为孩子们游戏、社交、互教的综合性公共空间,这样既扩大了幼儿的活动范围,也增加了不同年龄段孩子们共同交往的机会。原本枯燥乏味的走廊,变成一个充满乐趣的公共空间。不过此时走廊的宽度应适当加宽。

在幼儿园的走廊设计中，可以通过平面设计中的曲折变化来实现走廊空间的趣味性（图 5.75），也可以通过走廊的开口采光和色彩等来丰富走廊空间，这样不仅可以实现采光达到的丰富光影效果，还可以增加走廊的趣味性。西班牙阿尔伯特某幼儿园走廊打破直线所带来的单调感，通过采光口的变化和采光口的颜色处理，不但丰富了走廊空间，而且使采光口的颜色在光线的照射下，变得更有趣（图 5.76）；彩虹幼儿园的走廊是一条半通透的走廊，为了打破直线的单调感，在走廊墙身上装饰了一些彩色半圆形图案或是安装上彩色挂衣钩，使这条走廊的造型简单明快，又具有节奏和对比的美感（图 5.77）。

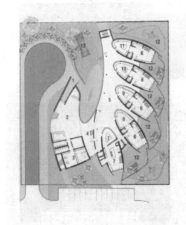 

图 5.75　大连某幼儿园走廊的平面设计与效果图

图 5.76　西班牙阿尔伯特某幼儿园的走廊

图 5.77　彩虹幼儿园的走廊

　　走廊的宽度应在 1.8m 以上，走廊侧边的围栏高度不能低于 1m。围栏在造型上要独特，有幼儿园的特点。可打破传统的平直封闭形式，有凹凸变化(图 5.78)；可按现代的平面来构成，增加围栏的趣味性，也可以设计成上部通透、下部封闭的形式，但要防止幼儿攀爬两边墙面；如图 5.79 所示瑞士学校的走廊将衣帽间结合，利用柱子凹凸的空间处理成鞋子储藏柜；当走廊宽大时，在不影响通道功能的前提下，可安排适当的活动区域，两边的墙面上可根据区域环境进行相应的装饰、布置(图 5.80)。当走廊仅作为通道时，也应在墙面上装饰一些适合幼儿认知特点、富有童趣性的图案。

图 5.78　法国保罗·谢瓦利尔幼儿园和小学

图 5.79　瑞士学校的幼儿园的走廊

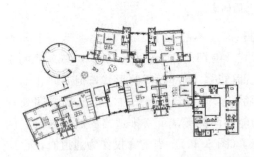

图 5.80　The Seven Species in Kfar Shmaryahu, Israel 的走廊内部空间

5.3.7　楼梯与坡道公共活动空间设计

1. 楼梯

楼梯或踏步，通常暗示出另外空间的存在，具有一种很强的引导作用，暗示着阶梯的另一端别有洞天。一些宽大、开敞的直跑楼梯、自动扶梯等，其空间诱惑力更为强烈。在同一层空间中，稍微做出一些地面高差，利用踏步来引导空间也是十分有效的手段，尤其带有转折性的空间，往往不能引起人的注意，在空间衔接处设几个踏步，将起到很好的引导暗示作用。

传统幼儿园的楼梯大多相对封闭对立，一般有倚墙直跑、双跑或三跑（图 5.81 和图 5.82）。随着空间设计的多元化，幼儿园楼梯也越来越开放自由，平面有折线形、螺旋形、弧形等，平台可以放大为休息空间，如图 5.83 所示为日本基督君王幼儿园——折线楼梯，如图 5.84 所示为日本环大树幼儿园—弧形楼梯。当楼梯的"三维性"被发掘、强化时，就可以被显赫塑造为点、线、面交错的立体构成或抽象雕塑，成为空间的转折点或标志。

图 5.81 Aying Allmann Sattler 幼儿园楼梯

图 5.82 意大利特瑞通某幼儿园楼梯

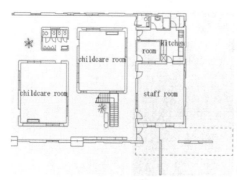

图 5.83 日本基督君王幼儿园——折线楼梯

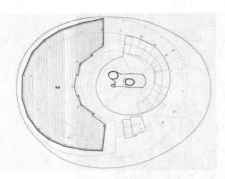

图 5.84　日本环大树幼儿园——弧形楼梯

在幼儿园设计中，楼梯一般分为两种：一种是注重形态的公共楼梯；另一种是兼有消防疏散功能的楼梯。公共楼梯一般位于醒目的厅堂空间中，是联系水平不同层面与标高的纽带，其"斜线"要素的飞跃横亘的视觉效果还带来"跨越"的心理含义；兼有消防疏散功能的楼梯的位置和数量，则应视安全疏散要求而定。在详细设计中，通常从规范和安全角度对楼梯的梯段、休息平台、栏杆等进行详细设计，而忽视了楼梯间和休息平台对立面的影响以及楼梯间的充分利用。我们可以将楼梯间设计成储藏空间，也可考虑设计成休憩空间或微景观，在提高空间的利用率的同时，将消极空间转化为积极空间。而楼梯平台可根据造型的需求进行凹入或者凸出处理，在满足交通需求与规范的前提下，楼梯平台可设计成活动的辅助空间进行小范围的游戏及活动（图 5.85～图 5.87）。

楼梯的踏步宽(b)与踏步高(h)有一定的比例尺度和规范，否则就不够踩踏或因超过体力极限而不合理。儿童使用的建筑物，楼梯更平缓、安全，通常踏步高度一般取 0.13～0.14m 为宜，踏步宽度取 0.26m 为宜，每个梯段的踏步不宜超过 18 级且不少于 3 级。

图 5.85　Timber-clad 幼儿园梯间下的储藏空间

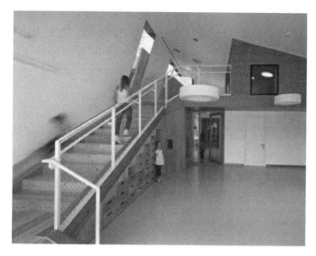

图 5.86 意大利特瑞通某幼儿园梯间下的储藏空间

图 5.87 Alleswirdgut toolKIT 幼儿园梯间下储藏与休息共融

栏杆扶手可以采用多种材质或造型，但不应低于安全下限高度。当梯段宽大于 1650mm 时，应设靠墙扶手，当梯段宽大于 2200mm 时，还应增设中间扶手。在设计中，要保证幼儿楼梯设计的合理性，首先要符合儿童的心理和生理特点，便于幼儿上下；其次要注意幼儿的安全问题。尽量把每一层楼梯分成 2～3 段，一方面有利于降低坡度；另一方面可增加幼儿上下楼梯的情趣。楼梯除成人扶手外，并应在靠墙一侧设幼儿扶手，其高度不应大于 0.6m。楼梯栏杆垂直构件之间的净距离不应大于 0.11m。在幼儿安全疏散和经常出入的通道上，不应设有台阶，必要时可设防滑坡道，其坡度不应大于 1∶12。

台阶表面要考虑防滑，每一台阶边缘要磨成半圆角，台阶悬空一侧要设置栏杆，并在合适的位置加装供幼儿手拉的扶手杆，也可以将栏杆做成滑梯式，增加幼儿上下楼梯的乐趣。栏杆可木制，也可以用不锈钢或铁衣、木料的结合制作。其造型可以是简洁的图案，也可以是幼儿喜爱的动物、植物的形象。但造型处的缝隙不能太大，要考虑安全因素。栏杆色彩可以单色为主，不宜涂太丰富的颜色，避免幼儿因不专注上、下楼梯而发生安全事故。

2. 坡道

坡道的设置主要是为解决机动车或非机动车在有高差情况下的行驶问题。有的设于公共建筑入口踏步两侧，以解决汽车通行，有的是为了方便残疾人无障碍通行。

在幼儿园设计中，坡道的设置有利于幼儿在各功能空间内自由地穿行，并提高幼儿在穿越上下不同功能空间时的安全性和趣味性。如图 5.88 所示为嘉定新城幼儿园的坡道设计，坡道特意扩大的交通空间，形成连接不同层的中庭空间。这个中庭有助于幼儿超越普通的日常经历的空间体验；坡道的交通功能，由于其模糊性和不确定性，还提供了一系列空间利用的可能性。幼儿园中的坡道不仅实现了连接垂直空间的功能，与传统的交通空间相比较，坡道空间还为幼儿创造了更丰富的室外活动空间感受与体验（图 5.89）。

图 5.88　嘉定新城幼儿园的坡道设计

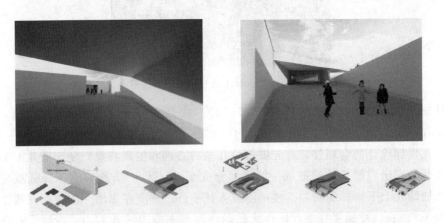

图 5.89　坡道连接垂直空间并丰富幼儿户外活动的空间体验

 本节知识要点提醒

通过本节学习我们应认识和熟悉，在设计过程中，首先必须满足现有设计规范的要求，如

《幼儿园建筑设计规范》规定了音体活动室、美工室、图书室等房间的最小使用面积、位置、平面形式、与班级活动单元之间关系；其次，确定"空间"（包括房间、大厅、走廊、外部空间等）的平面形状、剖面形状及其尺寸；再次，家具、设备与陈设的详细设计，比如，我们要考虑幼儿园的音体活动室需要布置哪些家具？家具的大小甚至材料、色彩、造型是什么样的？还需考虑功能的合理性、尺度的适宜性、空间的趣味性、视觉的美观性和使用的经济性等，建筑细部设计要便于使用者的活动，关注幼儿各种活动的基本规律和生活习惯；最后，要学会合理利用门厅、中庭、走廊、楼梯、坡道等组织连接各功能空间，同时，要满足相关规范的要求并注意其安全性、趣味性。

5.4 室外活动空间环境详细设计

在本书前面，我们对幼儿园相关功能用房进行了详细的讨论，这一节我们将从幼儿园总体环境方面，详细了解其具体内容，包括功能分区、出入口设置、建筑物的布置、室内活动场地的布置、绿化景观、道路与铺装、辅助用房等。

5.4.1 幼儿室外游戏活动空间设计

幼儿室外游戏活动空间可分为班级活动场地和公共活动场地。在设计前期，我们根据用地条件和幼儿园的规模来确定了幼儿室外游戏活动空间的位置、形状、面积大小等，但到了详细设计阶段，这种程度是远远不够的。在此阶段的幼儿园活动场地设计中，我们还应进一步具体设计。

幼儿园是一般提供给3～6岁的儿童使用的公共教育建筑，而这个年龄阶段的儿童经常参加多人游戏，来发展他们的人际关系以及社会性。孩子们喜欢活动空间以及设施的多样性，得到更多游戏或活动的机会。如果我们仅仅依靠在既定的区域内设定一些传统的器械游戏区、戏水区、沙地游戏区、动物区、植物区等，将相关的设施安置在当中，这是无法引起孩子们的兴趣，满足他们的好奇心的，他们会感到厌恶。为了避免这一点，幼儿园室外活动空间的设计就应该具有趣味性，去适合不同年龄阶段的儿童，以及不同层次的活动。此外，这些设施也需要考虑到儿童的综合发展能力，包括社会交际能力和对环境的尊重等。而安全性则是室外活动空间设计的首要准则，空间场所与设施都必须满足特有的安全标准。

相关心理学研究证明，儿童对于不规则形状的兴趣远远高于有规则的形状。所以，可利用这些自然的不规则的形状，以引起儿童的兴趣（图5.90和图5.91）。与平缓地形相比，儿童更乐意在凹凸不平的地面上玩耍。

如果用地平整，可利用的自然环境很少，可以适当地创造自然微环境，如小山、滑道、洞穴等能引起儿童兴趣的设施，鼓励他们探索环境，增强他们各方面的能力。如图5.92所示为里加幼儿园，它加强了地面坡度，并且在不同的高度建立不同的区域。有时在用地紧张时，还可利用屋顶作为班级的室外活动场地（图5.93），但在这种情形下，必须采取可靠的屋顶周边围护措施，以防止幼儿坠落。

图 5.90　某幼儿园的活动场地

图 5.91　Machida kobato 幼儿园的活动场地

图 5.92　里加幼儿园

图 5.93 日本东京富士幼儿园的屋顶活动场地

草木在室外活动空间环境设计中占着举足轻重的作用，不管是环境方面、美学方面，还是提供乐趣方面。植物可以改善室内外的空气质量，密集的植物能够阻挡大风，并能减少噪声。植物也是小鸟和其他小动物的天然栖息地，植物还可以增强室外活动空间的教育功能，让儿童了解四季变换与生命轮回。种植角通常会设置在向阳背风处，不要有道路穿越，面积不能太大，菜园土块分隔的畦宽应为 60～70cm，路宽应为 40cm，这样幼儿能够方便地站在畦间的小路上栽培管理。为了方便幼儿的观察，参加简单、轻微的劳动，植物区应靠近公共游戏场地。

儿童喜欢水，所以在设计过程中要尽量利用小溪、河道、池塘、湿地等自然元素融入到设计当中。这些水域栖息地同时也能鼓励儿童观察和了解生态圈及自然环境（图 5.94）。当不能满足上述条件时，我们可以根据需要，设置戏水区（微地形创设），将小溪、河道、池塘、湿地等自然元素融入环境中。在设计过程中，尺度大小尤为重要，无论是面积、大小、高低都要以幼儿的尺度出发，一般幼儿园水池面积不能超过 50m²，浅水池的水位不能超过 0.3m，游泳池的水位应控制在 0.5～0.8m，而且还要有方便幼儿下水的台阶。游泳池边缘不能太陡峭，这样会掩盖自然的特性，此外，还要有一定的缓坡，让孩子感受到这种由浅入深的过程。规模较大而且有条件的幼儿园，宜设游泳池及其更衣室等相应配套设施，还可附有水滑梯（图 5.95）。

图 5.94 CEBRA 幼儿园

图 5.95 某幼儿园的戏水区

5.4.2 景观绿化空间设计

景观绿化是建筑环境空间中的一个非常活跃的元素，它对改善空间的感觉、增加空间的趣味性和舒适感等方面有很好的作用。因此，我们应该遵循幼儿园的心理和生理特点，做到尺度小巧、形象生动、色彩鲜明，通过植物合理的配置，空间的塑造以及通过植物叶色、高矮、花色、果实等多种特征来为孩子创造优美、自然式的生活环境。为了保证绿化的实施，幼儿园内绿化面积不应该小于全园用地面积的 50%，且每生不应少于 $2m^2$，有条件的还应该尽量扩大绿化面积。

在幼儿园的景观设计中，公共活动场地、庭园应以草坪为主，适当配以灌、乔木；活动场地、大型玩具、器械场地旁，宜栽植乔木；班活动场地旁边宜栽植开花的灌木。绿篱密植可替代围墙在用地边界上采用，也可用作分隔场地用。绿篱宜修剪整齐，一般宽 0.7~1m，高度保持在 1~1.25m 左右。庭园中宜种植观赏树木及花卉。在幼儿活动室、音体活动室前栽植高大乔木应保持足够的距离，避免遮挡南面阳光，乔木中心与有窗的建筑物外墙水平距离应大于 3m，灌木应大于 1.5m。

整个活动场地的绿化布置，应根据场地的各种要求，创造丰富景观而又不显得拥挤，可依不同的景观设计做微地形处理(图 5.96)。应结合场地功能进行合理的绿化配置，在器械场地宜种植高大乔木作为遮阴，直跑道两侧宜种植行道树；庭园内及室外重点部位可栽植花卉、花坛、花池等美化环境。在休息、逗留之处设置花架、廊子。幼儿园绿化严禁种有毒、有刺的植物，如夹竹桃、仙人球等品种。在用绿化进行分区、分隔空间时，应使分区明确而且互不干扰，常用低矮的灌木、绿篱行植。

当用地紧张时，可开辟垂直绿化，扩大绿化面积来调节小气候。屋顶绿化，可为屋顶游戏场地提供了良好的活动环境；充分利用不宜建房的地段布置垂直绿化，丰富庭园空间；在栅栏、荫棚及围墙上栽植爬蔓，增加装饰气氛。以硬环境占主导地位的城市幼儿园中，应充分利用边角余地种一些耐践踏的宿根花草，使孩子们能享受这种天然野趣，欣赏大自然的丰富多彩，这对城市儿童来说也是不可缺少的重要一课。

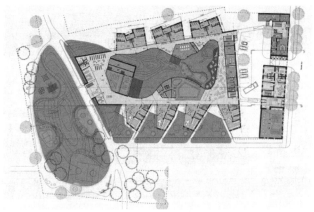

图 5.96 根据场地各种要求的活动场地绿化布置

5.4.3 过渡空间——入口与围栏设计

过渡空间是一种前后空间、内外空间之间的媒介、桥梁、衔接体和转换点。过渡的形式是多种多样的,有一定的目的性和规律性,如按公共性→半公共性→半私密性→私密性,开敞性→半开敞性→半封闭性→封闭性,室外→半室外→半室内→室内等空间特征序列进行过渡。入口的处理与室外形成了良好的过渡,也使得室内外空间得到缓冲(图 5.97和图 5.98)。

图 5.97 Ecosistema urbano ecopolis plaza 幼儿园的入口

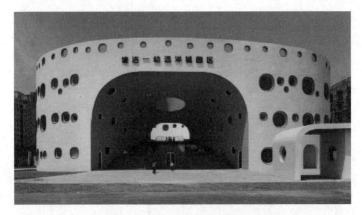

图 5.98　天津塘沽一幼远洋城园区的入口

　　幼儿园的入口是孩子认知、了解幼儿园的第一印象，故尺度宜亲切、生动，门前应有家长停留脚踏车或手推车的地方。在入口的处理上要注意其安全性、可识别性、可达性。在这里，安全有两方面含义，即防止陌生人的进入和防止儿童的走失。同时，入口应紧密结合周围道路和幼儿入园的人流方向，为保证幼儿进出安全，一般设在次要街道上，尽量避免设在人、车流繁忙的主要通道上。在满足了安全的基本需要之后，设计者应注意入口的可识别性。幼儿园对于儿童来说是一个由家庭到社会过渡的场所和阶段。年幼的儿童在"熟悉"的环境中与父母分别时会较安心，因此从公共空间(城市的街道)进入幼儿园的过渡空间，如果能够使儿童想起最熟悉的环境——家，就能够减少儿童与家长分别时的焦虑。设计中应有住宅的尺度和规模，要与住宅生活相关的物品材料。如图 5.99 所示为彩虹幼儿园的入口，它与周边的建筑入口十分相似，从一定程度上减少幼儿的焦虑感。入口处灌木透空的墙、栅栏等形成的封闭感，也能产生类似家庭的归属感，如图 5.100 为 Ti-mayui 幼儿园的围栏，从周围的环境到幼儿园，围墙又是另一类的过渡空间，它强调的是边界的作用和空间的领域感。孩子们的玩耍嬉笑声可以增加周边环境的欢乐气氛，对幼儿园来说也不会感觉封闭在大墙下与家庭决然分隔。

图 5.99　彩虹幼儿园的入口

图 5.100 Timayui 幼儿园的围栏

围墙的形式有通透、封闭和两者混合几种做法。如果幼儿园的基地是沿城市交通道路或是在拥挤的居住区中，则可采用封闭或部分开敞的围墙，从而使内部安静、不受干扰，但应对实墙进行处理，以增加情趣。外部环境较好时，幼儿园的围墙应通透。人们喜欢停留在露天空间的边缘——如果这些边缘生机盎然，人们就会对之流连忘返。所以我们还应有效地使幼儿园影响到周围的环境，在幼儿园的入口区域，建立一种幼儿园与城市的对话。扩大了的入口区域、凹凸的围墙，再设置花坛和长椅，形成一个入口空间。如果这个空间得到了附近居民的认同，那么经常来此活动或在此休息的人，则可透过半封闭的围墙，形成与儿童的交流——哪怕仅仅是视线上的或隐或现。这样能将社会的文化精神、生活方式，通过行动的潜移默化传递给孩子，儿童们通过模仿和观察来体验社会的含义。

另外，接近幼儿园的区域的铺地应与城市街道有区别，或是逐渐增设一些小品，这样能分散家长和孩子的注意，从心理上有个过渡的空间，就都能减少分别时的焦虑(图 5.101 和图 5.102)。

图 5.101 萨尔格米讷幼儿园

图 5.102　稻田间幼儿园

5.4.4　道路与铺地设计

　　道路要区分供幼儿游戏、活动和联系各活动场地的通道，以及园内的车行路。在设计中，车行交通道路应避免迂回，路宽不应小于 3.5m，车行道边缘至相邻有出入口与建筑外墙距离不应小于 3m。在紧急情况时，沿建筑物四周的道路兼作消防车道；幼儿游戏、骑自行车、散步等活动的通道或庭院小径，路宽一般为 1~2m，宜曲折、幽静，与用地形相适应，应多从园景和幼儿的视觉构图上考虑。

　　在幼儿园户外空间环境的设计处理中，有许多空间没有必要进行竖向上的分隔，如入口空间和道路、道路和草地、草地和广场之间等。这些空间在竖向上都是完全通透开阔的，在界限的表现上很不明显，一般只需要改变铺装材料的质地、颜色、材料、组合方式等就能使地面产生差异。铺装的差异越大，空间区分也就越突出（图 5.103 和图 5.104）。幼儿园的地面是不允许裸露的，需要根据使用功能，选择合适的材料进行铺装；在材料的选择过程中应避免采用硬材质，多采用软材质。

图 5.103　Katarina Frankopan 幼儿园活动场地铺装设计

图 5.104 某幼儿园活动场地铺装设计

 本节知识要点提醒

通过本节学习我们认识到，建筑室外环境是建筑的外部形象，是幼儿认知、了解建筑的第一印象。幼儿园室外环境的内容主要包括室外地面铺设，道路、广场的安排，绿化、户外设施的布置，以及户外小品(雕塑、喷泉等)陈设等。要学会正确处理建筑与周围建筑和周围城市的设施之间的关系、景观初步设计、道路细节等。在设计中让所有的艺术手段在室外环境中获得整体的艺术效果。室外环境的设计，要关注场地所提供的活动内容的丰富性和空间的多样性。

5.5 辅助服务空间设计

辅助服务空间是幼儿园中的一个必不可少的组成部分，为幼儿园的正常运作提供了重要的保障。这部分空间可以分为幼儿使用和幼儿不直接使用两个部分，但这里的使用频率小于甚至远小于幼儿班级单元等。前者应适当兼顾幼儿生理、心理特点和使用要求；后者可基本不考虑幼儿的使用要求。

5.5.1 幼儿使用的辅助服务空间设计

通常情况下，幼儿使用的辅助服务空间主要是指医务保健用房，包括医务保健室、隔离室、晨检室等，一般设医务保健室一间、隔离室一间或数间，并设一个厕位的幼儿园专用厕所。规模小的全日制幼儿园只设一个大间的医务保健室。

医务保健室为驻幼儿园医生诊疗初患病儿所用，最小使用面积为 $18m^2$。由于医务保健室主要使用对象是成人，只是幼儿在出现生病症状时才会来，因此在详细设计阶段，医务保健室只要在空间氛围中适当兼顾一下就可，侧重缓解幼儿对医务的恐惧感。

隔离室用做临时收容在园中生病的幼儿，为避免交叉感染，轻病儿在隔离室进行诊治；重病儿或患有传染病的幼儿，则在隔离室作短时收容，等待家长前来送往医院进一步诊治。规模小的幼儿园可设半间作隔离室或在医务、保健室内设一个观察床位作临时诊治及观察幼儿病情用。隔离室与医务保健室一般应毗邻，并设玻璃隔断或观察窗。在详细设计阶段，隔离室可参照医务保健室的要求进行设计处理，但由于幼儿在此停留时间相对更长，所以应更多地考虑符合幼儿的需要，在色彩、建筑细节等方面进行相应的设计处理。

晨检室一般可设于主体建筑入口处，是幼儿每天入园时的短暂经停之处。由于此处幼儿通常不作长时间停留，因此在详细设计阶段，应重点考虑兼顾幼儿视觉心理方面的要求并进行适当的空间设计处理。

5.5.2　幼儿不使用的辅助服务空间设计

幼儿不使用的辅助服务空间，主要包括管理办公用房及洗衣、厨房等功能服务用房。这些用房通常会在布局时考虑与幼儿班级单元、幼儿公共活动用房及场地等区域相对远离或隔离，所以在详细设计阶段主要依据作为成人的使用者要求，或特定功能的具体设计要求即可，但须采取设置矮墙、绿篱等设计措施，确保幼儿不能擅自进入功能服务用房区域。

在幼儿园的功能性服务用房设计时，应注意以下几点：①幼儿厨房应设置专有后勤入口，使杂物流线与幼儿流线分开，并与杂物院有紧密联系；幼儿厨房各房间面积、形状应满足使用功能、组织流线、布置设备设施的要求。②设有洗衣房时，需考虑室内设洗池、洗衣机等设施设备，也应设置备用洗池。③全园性的总务库房主要用于存放备用家具、清洁工具等备品及季节性物品，应妥善解决要通风防潮问题。

✎ 本节知识要点提醒

通过本节学习，应认识幼儿园的辅助服务空间，可以按照幼儿使用和幼儿不使用两个部分，在详细设计阶段应分别进行设计应对处理。其中，幼儿有所使用的医务保健室、隔离室和晨检室等，应适当兼顾幼儿生理、心理特点和使用要求；而幼儿不直接使用的管理办公室、厨房、洗衣房、库房等，可基本不考虑幼儿的使用要求，但须满足其相应的功能要求，并采取必要的隔离设计措施，以免对擅自进入的幼儿形成伤害。

▌5.6 本设计阶段相关规范内容

选自《幼儿园建筑设计规范（征求意见稿）》。

5.6.1　一般规范

3.0.4 幼儿园建筑造型及环境设计应结合地域特点、民族生活习俗，设计得体、朴实、简洁、大方，富有儿童气息、受儿童喜欢。

3.0.5 幼儿园设计应考虑幼儿身体、心理、能力特点，适合幼儿生活使用，确保幼儿身体、身心健康。

3.0.6 幼儿园设计必须执行"安全第一"的原则，必须保证园内每一个场所的环境安全，保证在园内生活、活动每一个环节的环境安全，在遭到意外灾害时，幼儿园的建筑和设施应具有抵御灾害的能力，并且能够使园内幼儿安全、迅速地脱离危险场所。

4.2.3 幼儿园应设室外活动场地，并应满足以下要求：

1. 宜设班专用室外活动场地，每班室外活动场地面积不宜小于 $60m^2$。

2. 应设全园共用场地，其面积为：$S=180+20(n-1)m^2$。

3. 室外活动场地地面应平整、防滑，无障碍，无尖锐突出物。

注：1. 180、20 为常数，n 为班数。

注：2. 室外活动场地应设有游戏器具、沙坑、戏水池（深度不超过 0.3m）、30m 跑道等。

4.2.4 幼儿园内应设绿化用地，其绿地率不应小于 30%，严禁种植有毒、带刺、有飞絮、病虫害多、有刺激性的植物。

4.2.5 幼儿园在供应区内宜设杂物院，并应有单独的对外出入口。

4.2.6 幼儿园基地周围应设围墙。在出入口处应设大门和警卫室，警卫室对外应有良好的视野。

4.2.7 幼儿园出入口不应直接设置在城市主干道一侧，其出入口不应影响城市道路交通，并应设置供人员停留和停车的场地。园内的人行路线与车行路线应分开。

4.2.8 幼儿园建筑及其室外活动场地宜布置在可挡风沙的建筑物背风面。

4.2.9 室外活动场地应有不小于 1/2 的面积在标准的建筑日照阴影线之外。

5.6.2　一般规定

5.1.2 幼儿园建筑应由生活用房、服务用房和供应用房等部分组成，其面积标准按现行《幼儿园建设标准》执行。

5.1.6 幼儿园的建筑造型和室内设计应符合幼儿的心理和特点。

5.1.7 窗的设计应符合下列要求：

1. 活动室、多功能厅的窗台距地面高度不应大于 0.6m，并应采取防护措施，防护高度由地面起计算不应低于 0.8 m。距地面高 1.3m 内不应设平开窗扇。

2. 所有外窗开启窗均应设纱窗。

5.1.8 活动室、卧室、多功能厅等幼儿使用的房间应设双扇平开门，其门净宽不应小于 1.20m。

5.1.9 严寒、寒冷地区建筑外门应设门斗，其双层门中心距离不应小于 1.60m。

5.1.10 幼儿出入的门应符合下列规定：

1. 在距离地面 1.20m 以下不应装玻璃。

2. 在距离地面 0.60m 处宜加设幼儿专用拉手。

3. 门的双面均应平滑，无棱角。

4. 不应设门坎，禁止设置转门、弹簧门、推拉门、玻璃门，不宜设金属门。

5. 门缝处应设防挤手措施。

6. 门上应设观察窗。

5.1.11 阳台、屋顶平台的护栏净高不应小于 1.20m，0.80m 以下应采用实体护栏，栏杆设置必须采用防止幼儿攀登的构造，当采用垂直杆件做栏杆时，其杆件净距离不应大于 0.08m。

5.1.12 距离地面高度 1.30m 以下，幼儿经常接触的室内外墙面，宜采用光滑易清洁的材料，墙角、窗台、暖气罩、窗口竖边等阳角处应做成圆角。

5.1.13 楼梯、栏杆、扶手和踏步等应符合下列规定：

1. 楼梯除设成人扶手外，并应设幼儿扶手，其高度不应大于 0.60m。

2. 楼梯栏杆应采取不易攀登的构造，当采用垂直杆件做栏杆时，其杆件净距不应大于 0.08m，当楼梯井净宽度大于 0.20m 时，必须采取安全措施。

3. 供幼儿使用的楼梯踏步的高度不应大于 0.13m，宽度不应小于 0.22m，且不宜大于 0.26m。

4. 严寒、寒冷地区不宜设置室外楼梯，否则应采取防滑措施。

5.1.14 幼儿经常出入和安全疏散的通道上，不应设有台阶。如有高差，应设置防滑坡道，其坡度不应大于 1∶12。

5.1.15 建筑走廊宽度不应小于表 5-4 的规定。

表 5-4 走廊最小净宽度 单位：m

房间名称	房间布置	
	双面布置	单面布置或外廊
生活用房	2.1	1.8
服务、供应用房	1.5	1.3

5.1.16 幼儿园各类用房室内净高不应低于表 5-5 的规定。

表 5-5 房间最小净高 单位：m

房间名称	净 高
活动室、卧室	3.0
多功能厅	3.9

6.1.1 幼儿园的生活用房及公共活动用房应布置在当地最好日照方向，并应满足冬至日底层满窗日照不小于 3h(小时)的要求。夏热冬冷地区、炎热地区，生活用房应避免朝西向，否则应设遮阳设施。

6.1.2 生活用房应有天然采光，其采光系数最低值及窗地面积比应符合表 5-6 的规定。

表 5-6 幼儿园建筑的采光系数最低值和窗地面积比

房间名称	采光系数最低值	窗地面积比
多功能厅、活动室	2	1∶5
卧室、隔离室、保健室	2	1∶5
办公室、辅助用房	1	1∶6
楼梯间、走廊	1	1∶8

6.3.2 幼儿用房应有良好的自然通风，其通风口面积不应小于房间地板面积的 1/20。

5.6.3　关于生活用房的规范

5.2.1 生活用房由幼儿活动单元和若干公共活动用房组成。

5.2.2 幼儿生活单元应设置活动室、卧室、卫生间、盥洗室、衣帽储藏间等基本空间。

5.2.3 幼儿园活动单元房间的最小使用面积不应小于表 5-7 的规定。

表 5-7　幼儿活动单元房间的最小使用面积　　　　　　　单位：m²

房间名称	房间最小使用面积
活动室	70
卧室	50
卫生间	15
盥洗室	12
衣帽储藏间	15

5.2.4 活动室应有直接采光和自然通风，单侧采光的活动室，其进深不宜大于 6.60m。

5.2.5 活动室宜设阳台和室外活动的平台，活动室阳台不应遮挡幼儿生活用房的日照。

5.2.6 同一个班的活动室与卧室宜设置在同一楼层内，如卧室位于活动室的上一层时，必须符合以下要求：

1. 卧室的同层应设卫生间和教师的看护空间。

2. 楼梯不应采用直跑楼梯。

3. 疏散的宽度应满足防火规范的要求。

4. 禁止设置滑梯。

5.2.7 活动室、卧室、多功能厅等幼儿活动的房间地面应做暖性、有弹性的地面，儿童经常出入的通道应做防滑地面，卫生间应做易清洗、防滑地面，并不应设台阶。

5.2.8 活动室、多功能厅等室内墙面，应设有展示教材、作品和布置环境的条件。

5.2.9 卧室应保证每一幼儿设置一张床铺的空间，不应布置双层床，床位侧面不应紧靠外墙布置。

5.2.10 卫生间由厕所、盥洗、洗浴组成，并宜分间或分隔设置。无外窗的卫生间，应设置防止回流的机械通风设施。

5.2.11 每班卫生间的卫生设备数量不应少于表 5-8 的规定。

表 5-8　每班卫生间卫生设备的最少数量限值

污水池/个	大便器或沟槽/个或位	小便槽/位	盥洗台(水龙头)/个	淋浴/位
1	8	4	6	4

注：女厕大便器的数量为 6 个；男厕大便器的数量为 2 个；小便槽(斗)为 4 个。

5.2.12 卫生间应临近活动室或卧室，且开门不应直对卧室或活动室。盥洗室与厕所应有良好的视线贯通的要求。

5.2.13 中班、大班男女幼儿厕所应分开设置。

5.2.14 卫生间洁具尺寸应适应幼儿使用。卫生间所有设施的配置，形式，尺寸都应符合幼儿人体尺度和卫生防疫的规定。

1. 盥洗池的高度为 0.50～0.55m，进深为 0.40～0.45m，水龙头的间距为 0.55～0.60m。

2. 大便器宜采用蹲式便器，大便器或便槽或便器均应设隔间，隔间内加设幼儿扶手。厕位的平面尺寸为 0.80×0.70m，沟槽式的宽度为 0.16～0.18m，坐式便器的高度为 0.25～0.30m。

5.2.15 卫生间地面不应有台阶，应防滑和易于清洗。

5.2.16 夏热冬冷和夏热冬暖地区，幼儿活动单元内宜设冲凉浴室，寄宿制幼儿活动单元内应设置淋浴室，并应独立设置。

5.2.17 封闭的衣帽储藏室应设通风设施。

5.2.18 每个幼儿园宜设 2 间以上公共活动用房。

5.2.19 多功能厅的位置宜临近幼儿活动单元用房，不应与服务用房及供应用房混设在一起，单独设置时宜用连廊与主体建筑连通。

5.2.20 利用走廊设置衣帽储藏柜，走廊宽度应适当增加，保证不影响通行和防火疏散宽度的要求。

5.6.4　关于辅助服务空间的规范

5.3.1 服务用房包括医务保健室、隔离室、晨检室、警卫室、储藏室、园长室、财务室、教师办公室、会议室、教具制作室等房间，其使用面积不应小于表 5-9 的规定。

表 5-9　服务用房的最小使用面积　　　　　单位：m²

房间名称	规　模		
	大　型	中　型	小　型
医务保健室	12	12	10
隔离室	8×2	8	8
晨检室	15	12	10
警卫室	10	10	10
储藏室	20	20	15

房间名称	规　模		
	大　型	中　型	小　型
园长室	20	20	15
财务室	15	15	10
教师办公室	20×3	20×2	20
会议室	60	40	40
教具制作室	40	30	20

5.3.2 应设门厅，门厅内可附设收发、晨检、展示等功能空间。

5.3.3 晨检室应设在建筑物的主入口处。

5.3.4 医务保健室和隔离室宜相邻设置。隔离室应与生活用房有适当的距离，并应和儿童活动路线分开，宜设有单独的出入口。医务保健室和隔离室应设给水、排水设施；隔离室应设独立的厕所，内设幼儿专用蹲位和洗手盆。

5.3.5 教职工的卫生间应单独设置。

5.6.5　供 应 用 房

5.4.1 供应用房包括厨房、消毒室、洗衣间、烧水间、车库等房间，其使用面积不应小于表 5-10 的规定。

5.4.2 幼儿厨房与职工厨房合用时，其建筑面积可适当增加。

5.4.3 厨房应按工艺流程合理布局，应符合有关卫生标准和《饮食建筑设计规范》的要求。

5.4.4 厨房工作人员卫生间的前室不应朝向各加工间。

5.4.5 各加工间室内净高不应低于 3.0m。

5.4.6 厨房的室内墙面、隔断及各种工作台、水池等设施的表面，应采用无毒，光滑和易清洁的材料，墙面阴角宜做弧形，以免积尘。地面应为防滑地砖，并有排水设施。

表 5-10　供应用房最小使用面积　　　　　　　　　　单位：m²

房间名称		规　模		
		大型	中型	小型
厨房	主副食加工间	55	45	35
	主食库	15	10	15
	副食库	15	10	
	冷藏间	8	6	4
	配餐间	18	15	10
消毒间		12	10	8
洗衣房		15	12	8

5.4.7 幼儿园建筑为多层时，宜设提升食梯，食梯按钮距地面高度应大于 1.70m。

5.4.8 教职工的洗浴设施应与幼儿的洗浴设施分开。

5.4.9 宜设置集中洗衣房。

5.4.10 应设玩具、书箱、衣被等物品专用消毒间。

5.4.11 幼儿园内设的车库应有单独的对外出入口。

小 思 考

1. 建筑空间的界面一般由哪几类构成？幼儿园建筑空间的各类界面都由哪些要素构成？有什么要求？

2. 幼儿园建筑的侧界面由哪些部分组成？其中在墙面设计中，有哪些常用的设计手法？

3. 请举例说明顶界面的高低的变化所带来空间效果。

4. 在细部设计中，构件包含哪些？它们可起到什么作用？

5. 幼儿园班级单元由哪几部分组成？各部分的形状、大小如何？各自有何特点？

6. 在幼儿园班级单元设计中，如何处理卫生间与活动室、卧室之间的关系？

7. 在班级活动单元中，衣帽间有哪几种设置方式并说明各自的优缺点？

8. 幼儿园室内公共活动空间由哪些部分组成？

9. 影响室外活动空间环境设计的要素有哪些？如何处理这些要素之间的关系？

习 题

1. 按规范要求活动室的面积不小于多少？室内净高要求不小于多少？为了保证采光的需求，规范规定活动室的窗地面积比最小值为多少？

2. 在设计矩形的活动室时，需注意矩形平面的长宽比应控制在多少以内？

3. 请用图示说明卫生间及洁具的具体尺度与成人有何不同。如何布置？

4. 请举例说明家具是如何在幼儿园空间设计实现空间变化的。

5. 根据《幼儿园建筑设计规范》，走廊的净宽不应小于多少？

6. 门厅及中庭活动空间在幼儿园建筑空间有哪些作用？

7. 楼梯踏步的高度不应大于多少？宽度不应小于多少？

第6章
幼儿园建筑设计案例

【教学目标】

主要介绍近年来国内外的一些优秀幼儿园（含类似于幼儿的保教机构）的建筑设计案例。通过本章学习，应达到以下目标：

(1) 全面理解各案例中文本和图件所表达的建筑各方面的基本情况。

(2) 掌握对幼儿园建筑设计案例进行综合分析的基本方法。

(3) 形成发现案例中幼儿园建筑设计优点和特点的能力。

【教学要求】

知识要点	能力要求	相关知识
幼儿园建筑设计案例分析与总结方法	(1) 具备理解设计案例总体基本情况的能力 (2) 掌握分析案例中运用设计条件及幼儿园建筑设计原理的合理性、有效性的能力 (3) 形成发现案例中设计优点和特点的能力	前述各章相关知识

基本概念

优点、特点、合理性、有效性、案例。

引例

学习建筑设计，应从中外优秀的设计实践案例中进行借鉴，这是继学习设计原理之后不可或缺的一个重要学习环节，幼儿园建筑设计也不例外。在学习了前面各章幼儿园建筑设计原理之后，我们需要通过分析一些优秀的幼儿园建筑设计案例，加深对相关知识点的理解，体会设计原理在幼儿园建筑设计中的合理、灵活和创造性地运用。本章下述内容为近年来国内外的一些优秀幼儿园建筑设计案例，每个案例除提供了必要的图之外，都作了简要的介绍和分析，可全面浏览并有选择地深入体会。

6.1 昆山新绣衣幼儿园

6.1.1 项目信息

(1) 项目地点：中国江苏，昆山。

（2）建筑师：中国城市建筑第 7 工作室。

（3）建筑层数：4 层。

（4）建筑面积：14535m²。

（5）设计时间：2013 年。

6.1.2　总体分析

苏州昆山新绣衣幼儿园，位于昆山市珠江路东侧，同丰路南侧，用地周边为成熟的居民区，商铺林立，南侧临河。幼儿园周边环境较为嘈杂。幼儿园通过单元错落的布局方式形成类似村落的建筑群组合，来对应周边自由生长而复杂的城市空间。幼儿园沿同丰路布局板式建筑、沿珠江路一侧沿幼儿园外墙形成高低错落的两层高的体块和屋顶绿化，阻隔道路的噪声，也应对珠江路复杂多变的街铺形态。

整体布局上，该幼儿园沿珠江路设置入口，后退形成入口广场。园内教学单元由 9 幢方盒子共计 30 个教学单元，围合并限定出一个空间形态丰富、渗透性较好的外部空间系列。在其间安排了游乐场和多元化的公共空间。教学单元都通过曲折的走廊连接到公共空间和北侧的办公用房，所有建筑体块通过连廊组合成为一个整体，交通十分便捷。

幼儿园北向体块封闭，南向体块有开口，加强了通风的效果。

幼儿园整体空间设计较有特色。内部院落场景丰富，彼此交融，明显具有江南园林的空间特质。

6.1.3　设计（建筑）图片

昆山新绣衣幼儿园的设计（建筑）图片如图 6.1～图 6.6 所示。

图 6.1　实施方案鸟瞰

图 6.2 内院一景

图 6.3 建筑场地及周边

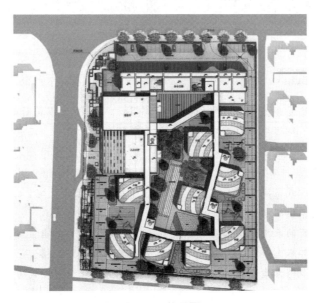

图 6.4 总平面

图 6.5　备选方案一

图 6.6　备选方案二

 本案例设计特点

　　该幼儿园采取了类复合型的外部空间组合的布置方式。与上海夏雨幼儿园不同之处在于，新绣衣幼儿园中间数个院落以连续型空间组织方式布置，空间交融，场景深远，而外围的院落通过连廊逐渐展开。幼儿园通过架空走廊连接各个教学单元和其他用房，沿走廊便可以感受精致的空间和视觉体验。

　　该幼儿园的布局方式充满着不确定性，像村落中随机生长的民宅。这种布局趣味性较强，穿行其中充满着空间体验的意外感。

　　该幼儿园不同建筑的表皮来源于苏州的刺绣图案装饰。多彩的垂直遮阳构建，像是一件漂亮的刺绣作品。简洁却不失丰富的外观体现了各建筑单体的不同性格。

　　该幼儿园经历了多轮方案筛选，最后的实施方案在设计理念、空间布局和细节设计上的确胜人一筹。

6.2 上海嘉定新城实验幼儿园

6.2.1 项目信息

(1) 项目地点：中国，上海。

(2) 建筑师：大舍建筑设计事务所。

(3) 建筑层数：3层。

(4) 建筑面积：6600m^2。

(5) 设计时间：2008年。

(6) 建成时间：2010年。

6.2.2 总体分析

上海嘉定新城实验幼儿园，是一个关于庭院和光线的幼儿园。

在中国江南古典园林中，空间的深远感的塑造是很重要的一个设计环节，以表达小中见大的设计理念。在古典园林中，空间的深远感是通过植物、假山、通透的连廊或建筑来营造的。在上海嘉定新城实验幼儿园中，设计师一方面通过漫射光线，另一方面通过曲折、起伏的坡道和路径，以及横穿庭院的平台，带来整个空间的深远感觉。

整体布局上，该幼儿园由南北两个条形建筑组合成为一个整体。南侧均为幼儿教学单元，北面则是办公和后勤区域，南北两个条形建筑之间形成了封闭的室内庭院。

从整体空间效果上看，上海嘉定新城实验幼儿园是一个较为封闭的、内向的幼儿园。虽然，其内部空间生动而活泼，每个教学单元都拥有一个半室外的平台，但是与外界的视觉联系和空间联系似乎不足，这一点与国外的幼儿园差别较大。这也许是与外部的空间环境质量不高有关。

6.2.3 设计(建筑)图片

上海嘉定新城实验幼儿园的设计(建筑)图片如图6.7～图6.13所示。

图6.7 幼儿园南侧全景

图 6.8　幼儿园北侧全景

图 6.9　幼儿园内院和幼儿活动室

图 6.10　幼儿园内院一景

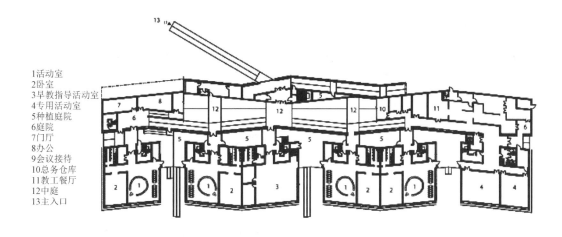

1活动室
2卧室
3早教指导活动室
4专用活动室
5种植庭院
6庭院
7门厅
8办公
9会议接待
10总务仓库
11教工餐厅
12中庭
13主入口

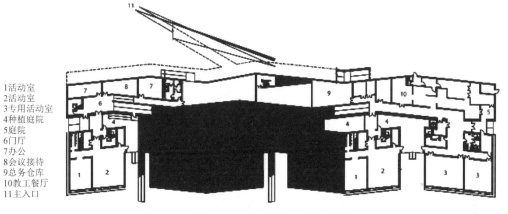

1活动室
2活动室
3专用活动室
4种植庭院
5庭院
6门厅
7办公
8会议接待
9总务仓库
10教工餐厅
11主入口

图6.11　首层及二层平面(下为首层平面)

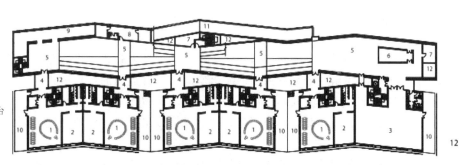

1活动室
2卧室
3大活动室
4走廊
5中庭
6图书资料
7教师办公
8保健室
9中庭上空
10室外活动平台
11屋面
12庭院上空

图6.12　三层平面

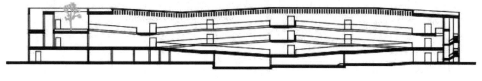

图6.13　剖面

本案例设计特点

这是一个复合的廊道式布置的幼儿园，但它绝非仅仅形成一个简单的条形空间。而是借用江南园林的空间概念，利用廊道在内部划分出许多富有特色的小内院，并通过坡道连接不同标高的幼儿活动单元，形成了变化丰富、场景生动、具有动感的室内空间。而建筑平面的锯齿形变化，形成了不规则、多角度的建筑内部空间，使得内院的节奏感和层次感加强。

在这个幼儿园设计中，光线成为设计的另一个重要因素。在建筑内部通过直射光、漫射光、过滤光三种光线效果，应用在不同的空间部位，很自然地产生空间的节奏感，在潜意识中丰富了空间的层次效果。

6.3 厦门海沧区实验幼儿园

6.3.1 项目信息

(1) 项目地点：中国，厦门。

(2) 建筑师：罗四维。

(3) 建筑层数：3 层。

(4) 建筑面积：4100m^2。

(5) 设计时间：2000 年。

(6) 建成时间：2002 年。

6.3.2 总体分析

厦门海沧实验幼儿园，坐落于居民区之中，周围环境较为嘈杂。整体布局上，幼儿园通过围合的方式组织出一个完整的内向院落空间，避开周围的各种干扰。

该幼儿园采取北入口方式，将幼儿主要活动场地位布置于北侧入口处。南侧布置幼儿班级活动单元，东侧、北侧为办公用房，西侧设后勤出入口。建筑通过外廊组合成为一个整体，交通十分便捷。

建筑用地南北向细长，南向面宽局促。设计师采用减小面宽、加大进深，利用局部天井的空间方式组织幼儿活动室和卧室，达到加强通风采光的目的。

该幼儿园整体空间设计简洁但不单调，内部院落围而不死，通过架空入口、局部片墙布局达到丰富空间的效果。

6.3.3 设计(建筑)图片

厦门海沧区实验幼儿园的设计(建筑)图片如图 6.14～图 6.21 所示。

图 6.14　北侧全景

图 6.15　南侧一景

图 6.16　主入口

图 6.17　活动室看天井

图 6.18　走廊一景

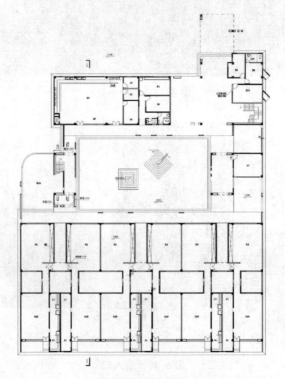

图 6.19　一层平面

图 6.20　二层平面

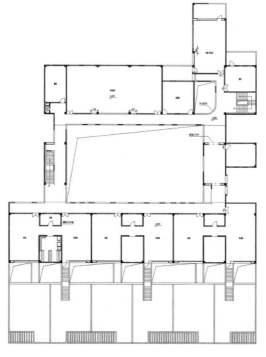

图 6.21　三层平面

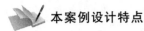 **本案例设计特点**

这是一个围合的院落式布置的幼儿园。虽然只有一个主院落，但是通过局部架空、建筑凹凸变化、片墙等方式组织出层次丰富、空间设计精巧的庭院空间效果。

此外，通过精致的幼儿活动单元的入口布局设计，形成富有特色的天井对景，也妥善安排了衣帽间和盥洗室，同时也解决了大进深室内的通风采光问题。二层的幼儿活动单元通过退层，形成左右联系的功能空间组织方式，相异于一层的前后联系方式，令幼儿在不同年级能够体验到不同的课室空间组合。

建筑内部细节处理细致，从入口架空层空间的深远感，到阳光下有韵律的光影，到走廊上观察外部的洞口，处处体现出设计师的用心。

建筑用色饱满，体量组织生动，很好地体现了幼儿园的建筑风格。

6.4 上海夏雨幼儿园

6.4.1 项目信息

(1) 项目地点：中国，上海。

(2) 建筑师：大舍建筑设计事务所。

(3) 建筑层数：2 层。

(4) 建筑面积：6328m^2。

(5) 设计时间：2002 年。

(6) 建成时间：2004 年。

6.4.2 总体分析

夏雨幼儿园位于上海青浦新城区的边缘地段，用地东侧为高架路，西侧为河流，周围其余部分基本是空阔的农田。为避开噪声干扰和水体危险，幼儿园整体采用了封闭的内向布局方式，其中幼儿单元群、教师办公室及专用教室分别形成两个曲线围合的组团，整体构图形式也趋于平静，以求得水面之中舒展的倒影。

为阻隔噪声，园内移植 100 棵 8～10m 高的榉树，散落在建筑周围及庭院中。

内部建筑空间布局借鉴了江南园林的空间特点，采用了复合型外部空间的空间组合方式，由多个围合的院落空间组成，各种院落如公共院落、班级院落、服务院落等由廊道串接。

建筑用地南北向细长，设计师采用分散布置教学单元的方式，将班级活动室连同活动院落布置在首层，活动院落给每个单元提供采光、通风和室外活动用途。幼儿园利用连廊和院落空间组织不同幼儿活动单元，卧室以单元内部楼梯的交通方式布置在二层。

6.4.3 设计(建筑)图片

上海夏雨幼儿园的设计(建筑)图片如图 6.22～图 6.32 所示。

图 6.22 幼儿园沿河景观

图 6.23 内部一景

图 6.24 主入口

图 6.25 悬浮的卧室与栈道

图 6.26　内院一景

图 6.27　内部一景

图 6.28　教师办公体块与教学单元体块之间

图 6.29 一层平面

图 6.30 二层平面

图 6.31 整体模型

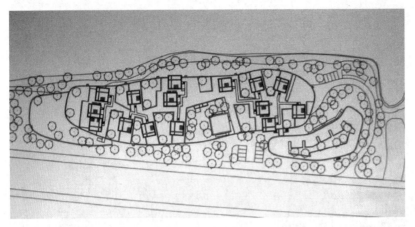

图 6.32　总平面

 本案例设计特点

　　该幼儿园营造了一个江南园林空间特征的内向空间，采用了复合型外部空间组合的布置方式。在幼儿园内行走的过程中，各种院落空间逐一展现。曲折的廊道串接着数个大小、形状各不相同的院落，院落场景的展现不具备共时性，而是随着时间逐层展开，因而具有时间属性。廊道空间充溢着明暗、宽窄、高低的对比变化，像一幅幅逐渐展开的画卷，时时令人充满着惊喜和期待。各种空间景观使得幼儿园到处充满着空间的奇妙变化，具有丰富的空间层次和趣味性。

　　卧室布置在二楼，在结构上与首层屋面相脱离，强调其悬浮感。每三个卧室以木质栈道相连，如同村落之中的民宅，感觉友好而亲切，小朋友们可以相互串门。

　　幼儿园的围墙成为建筑内外的边界，内部领域受保护，外部环境被阻隔，一定程度隔绝了东侧高速路的噪声。为了满足儿童观察外部环境的心理，设计师在围墙上设计了竖向的"风景缝"，与变形缝一样同取 100mm 的宽度。

　　建筑立面主要采用穿孔铝板彩色幕墙、呈树皮肌理的外墙涂料，卧室外墙用色饱满，像是容器中鲜艳的水果拼盘。呈现在视野中的体量组织生动而具有不确定的特点，体现了幼儿的心理特点。

　　该幼儿园是一个出色的建筑空间布局设计作品，反映出设计师细致的观察、深入的思考与高超的设计能力。

6.5 广州番禺雅居乐国际幼儿园

6.5.1　项目信息

　　（1）项目地点：中国，广州。

（2）建筑师：深圳清华苑建筑设计公司。

（3）建筑层数：3 层。

（4）建筑面积：8351m^2。

（5）设计时间：2003 年。

（6）建成时间：2005 年。

6.5.2 总体分析

广州雅居乐国际幼儿园，坐落于郊区居民区之中，周围环境尚好。整体布局上，幼儿园布局依据用地情况用建筑组织出一个不规则的围合空间，形成了两个主要的内部院落空间和入口广场、北面的游戏广场等。这些空间通过架空层予以联系，空间深远而丰富，建筑以贯通的外部连廊环绕院落，幼儿可以穿行在不同空间区域，场所感较强。

该幼儿园采取南入口方式，门厅开敞，通风顺畅。幼儿主要活动场地位布置于内部院落之中，南侧布置幼儿班级单元，阻隔南向道路。西侧为办公和特教室，东侧为音体室和后勤用房。音体室底层架空为风雨操场，通过二层连廊分别与办公区域、教学区域相连，交通十分便捷。

建筑用地东西方向较长，幼儿教学单元全部布置在南向，采取错落的布局以避免体量过长带来的单调困扰。

该幼儿园整体空间的布局设计较为出色，内部院落通透，符合南方的气候特点。

6.5.3 设计(建筑)图片

广州番禺雅居乐国际幼儿园的设计(建筑)图片如图 6.33～图 6.42 所示。

图 6.33 入口塔楼

图 6.34　入口的开敞门厅

图 6.35　教学单元

图 6.36　活动场地

图 6.37 门厅二层走廊东望

图 6.38 东侧内院西望

图 6.39 活动场地东望

图 6.40　后勤入口

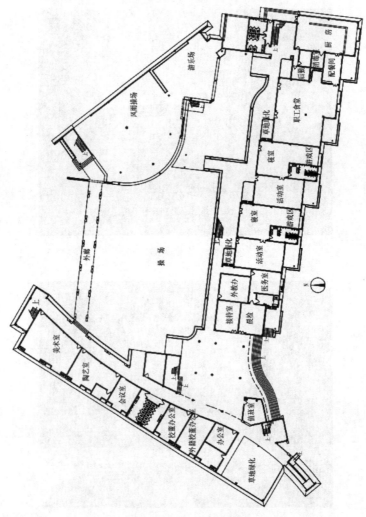

图 6.41　首层平面

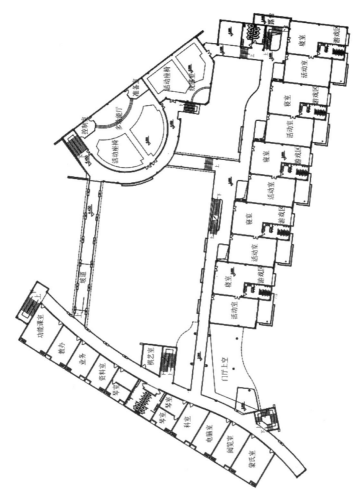

图 6.42 二层平面

本案例设计特点

　　该幼儿园的空间属于连续型外部空间组合，即多个院落在交通上流线可直接通达，院落之间大都通过架空层相连接。在部分位置视线也可贯通数个院落，院落场景的展现具有共时性。院落根据设计安排形成不同尺寸和形状，分别安排了入口广场、活动操场、小庭院、游戏广场等不同的主题，空间具有趣味性。

　　连续型的外部空间，因其空间的通透、深远和场景的即时转化，带来丰富的视觉刺激，很容易引发幼儿的兴趣，吸引他们出来活动。

　　建筑体量设计也较有特色。入口处的塔楼与教学单元形成了竖向与横向的体块对比，门厅开阔且开敞，很多幼儿活动得以展示。此外，每个幼儿活动单元的入口有一个小天井的布局设计，形成富有特色的入口空间天井，有助于提高室内通风采光质量。

　　建筑用色简洁明快，主色调为砖红色，白色带穿插在建筑体量之间，显得活跃；幼儿单元错落布局，阳台以不同颜色作对比，很好地体现了幼儿单元的节奏感。

6.6 天津国际幼儿园(Loop Kindergarten)

6.6.1 项目信息

(1) 项目地点：中国，天津。

(2) 建筑师：Keiichiro SAKO，Yoko FUJII，Jing，Junya KAZUNO/ SAKO Architects。

(3) 建筑层数：3 层。

(4) 建筑面积：4300m^2。

(5) 设计时间：2009—2011 年。

(6) 建成时间：2012 年。

6.6.2 总体分析

这座圆形城堡似的幼儿园，整个造型以白色墙壁为主，墙面上开设了大小不同的类似飞机窗口一样的窗户，不同功能的窗户被刷上了不同的颜色，在颜色的点缀下立面显得更加丰富且更有趣味性，同时也让人能容易地分辨出房间的使用功能，希望孩子们在这里体会到真正的自由与欢乐。

在总平面布局上，通过建筑将场地划分为建筑和活动场地，并将部分的活动场地布置在屋顶上。根据幼儿的年龄特点，建筑用房在满足采光通风的情况下集中布置：南侧朝向良好留给幼儿用房，北侧设置专业活动用房，而办公用房则设置在东侧的入口处；功能分区明确，缩短了通道的长度，节约了使用面积。建筑各层平面布局充分结合当地的气候情况并利用地理特点，将儿童活动室、休息室、音体教室等幼儿主要使用的房间布置在南向，与室外游戏场地和景观带相协调，争取了最好的采光、通风和景观面积。

空间与造型以符合幼儿的生理、心理特征为依据，采用方形为母体进行彩色体块组合，辅以曲线突显动感活泼的特点。摒弃琐碎的装饰，专用活动教室、楼梯、多功能厅，还有单元班级在室内感受其空间的大小、高矮的变化，给幼儿带来兴趣点，激发幼儿体验和认识世界。而这些空间形式在室外的形体上也得到了充分反映，室内与室外统一，体现了实用、经济、美观的建筑设计原则。

建筑空间是一个环形，配合建筑体块的加减，从而增强了建筑体块的变化。在此基础上，以明快的白色作为着色的基础，在体块穿插变化的部位赋予简单的红、黄、绿等色彩，令建筑生动化，突显建筑的活跃气氛，充分展现了该幼儿园建筑充满童真的个性。

6.6.3 设计(建筑)图片

天津国际幼儿园 Loop Kindergarten 的设计(建筑)图片如图 6.43～图 6.59 所示。

图 6.43 整体鸟瞰图

图 6.44 入口

图 6.45 室内中庭、台阶及小下沉广场一

图 6.46　室内中庭、台阶及小下沉广场二

图 6.47　室内中庭、台阶及小下沉广场三

图 6.48　室内台阶

图 6.49 室内走廊一

图 6.50 室内走廊二

图 6.51 中庭的台阶

图 6.52　室内活动场地

图 6.53　屋顶活动场地

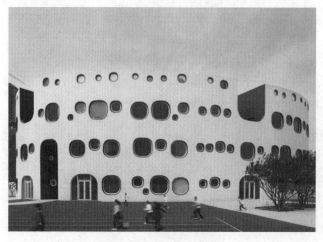

图 6.54　室外活动场地

图 6.55　立面窗户

图 6.56　室内外过渡—门

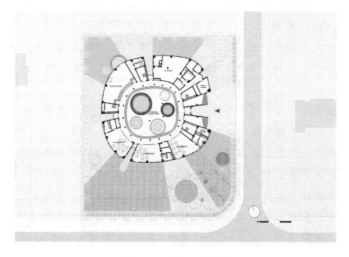

图 6.57　首层平面图

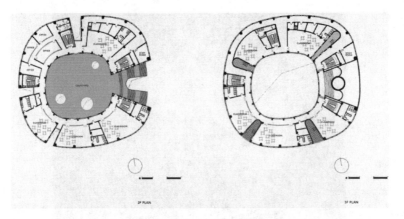

图 6.58　二、三层平面图

图 6.59　剖面图

 本案例设计特点

　　色彩的运用：立足于幼儿生理与心理特点，利用色彩进行建筑表达，并在建筑的各个方面基于该主题向所有来到幼儿园的孩子们传播自由与欢乐。外墙以高彩度、低明度的柔和暖色调为主，在多处构件上大胆使用红、黄、蓝、绿等儿童喜爱的纯色，活跃了空间气氛。活动室室内分别饰以不同的主题色，使儿童有心理上的归属感，给儿童提供一个舒适的学习、成长环境。此外，设计者还充分利用色彩以及母题的重复，来实现内部空间的可识别性，并取得室内与室外的协调与统一。同时，利用中庭的自然采光丰富室内空间，创造出彩色的儿童世界。

　　开放的庭院：整个幼儿园通过 3 个锥形中庭组织幼儿园的功能空间。一个圆形天井的正上方，将光变色引入室内，不仅实现了良好的自然采光，还丰富了室内的空间氛围。通过侧面一个巨大的拱门，创建了一个蓝色的宏伟入口，对称的楼梯通往二楼的屋顶公共活动场地，通过屋顶活动场地的转换，孩子们可以快速地到达各个功能空间；锥形的中庭与开放的隔墙、深窗，形成可供儿童活动的单独空间，为孩子们提供一个玩耍、享受清新空气的美妙空间。这些元素又加强了纯净视觉空间的可触性与互动性；幼儿园屋顶庭院的人造草坪，为孩子们创建了一个额外的游乐区。空间边界开放、流动的属性，促进了孩子们去体验相互关系而不是关注自我。

6.7 意大利 Barbapapà 幼儿园(Kindergarten Barbapapà)

6.7.1 项目信息

(1) 项目地点：意大利，维尼奥拉(Vignola，MO，Italy)。

(2) 建筑师：CCD studio：Luca Ciaffoni，Michele Ciutti，Antonio Di Marcantonio。

(3) 建筑层数：2 层。

(4) 建筑面积：1158m^2。

(5) 设计时间：2008 年。

(6) 建成时间：2009 年。

6.7.2 总体分析

该幼儿园是 2006 年为参加 Vignola 市政当局项目筹资竞赛进行设计的。基地位于意大利 Vignola 城市发展边界地带的一处面向城市的山坡上，离城市历史中心并不太远。基地形态南北狭长，地形西高东低。周边的自然环境是所处 Emilia Romagna 地区非典型景观环境的一部分。该幼儿园的建设规模不大，能容纳 60 个儿童，由 4 间教室及一些必要的公共用房组成。

本项目设计旨在对可持续主题相关的自然保护意识进行建筑表达，立足于考虑建筑与周围环境之间的各种可能关系，并在建筑的各个方面对可持续这个基本主题进行表达，以期向所有来到幼儿园的幼儿传播可持续性这种价值观念。对此，设计者从降低建筑体量对周围环境的负面影响、控制内部空间的舒适性以及从环境中获取能量等方面，做了积极的建筑设计方面的探索应用。

场地布局结合基地南北狭长的形态，在南端入口附近布置停车位和开放空间，把幼儿园建筑布置在北面。建筑体量南北长、东西短，通过下沉方式顺应坡向、隐于环境。在东侧幼儿教室之外，留有开阔的草坪，用于幼儿户外活动。

建筑内部空间以南北走向的主要交通走道为主线进行组织。从建筑南端入口处进入内部，走道西侧依次布置办公室及三个幼儿制作室，制作室之间的空间似分又合，形态开放、活泼，相互之间空间贯通，利于幼儿之间的相互交流，并且均可通过坡道(台阶)直达北段室外。其中，最北端的制作室北侧设置一个下沉式的室外空间，形成一个相对幽静的幼儿自然小天地，各制作室的幼儿都可以到达此处；走道东侧入口处附近设置家长与和幼儿共享的大空间，其北侧并列布置四个矩形的标准幼儿教室，教室东侧面向开阔草坪，视野和景观优良。整个幼儿园的内部空间大多采用半分割的空间划分方式，空间形态多样、变化且有趣味，空间组织流线简捷，并且很好地满足了功能要求。建筑造型和色彩丰富，富有幼儿情趣。

在通风和采光方面，该幼儿园建筑中的幼儿用房，通过西向屋面的抬高并设置高侧窗及东向教室屋面的局部抬高，获得较好的自然风进入室内，以获取自然通风和自然采光，并通过设置一些天窗获得更为充足的阳光；同时，还采用多种其他建筑物理环境设计处理方法，保证室内空间环境的舒适性。

6.7.3 设计(建筑)图片

意大利 Barbapapà 幼儿园的设计(建筑)图片如图 6.60～图 6.76 所示。

图 6.60　西北向外观

图 6.61　东侧幼儿教室外观

图 6.62　东南向外观远眺

图 6.63　建筑入口前通道及入口

图 6.64　基地入口附近台阶

图 6.65　建筑屋顶

图 6.66　内部走道

图 6.67　幼儿教室内景一

图 6.68　幼儿教室内景二

图 6.69 家长与和幼儿共享空间外廊

图 6.70 总平面

1 步行入口	5 卫生间	9 作业室
2 入口门厅	6 儿童和家长中心	10 教室
3 等候区	7 楼（电）梯间	11 室外表演场地
4 行政管理室	8 公共区域	12 紧急出口

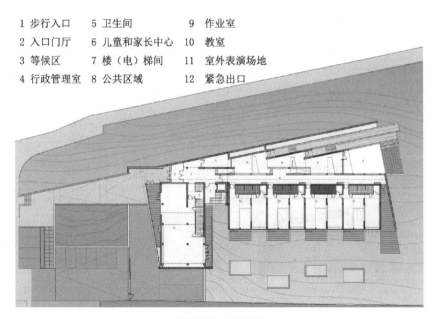

图 6.71 平面图

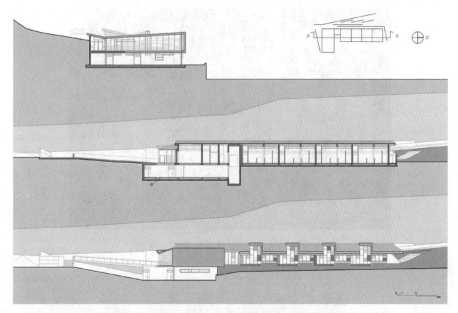

图 6.72　剖面图

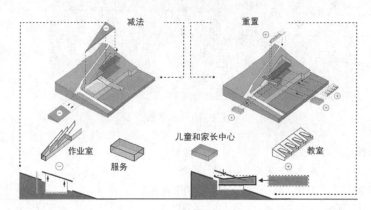

图 6.73　建筑构形示意图

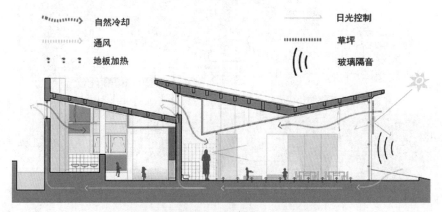

图 6.74　建筑内部环境控制示意图

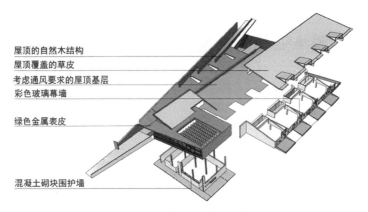

屋顶的自然木结构
屋顶覆盖的草皮
考虑通风要求的屋顶基层
彩色玻璃幕墙
绿色金属表皮
混凝土砌块围护墙

图 6.75　建筑材料选用示意图

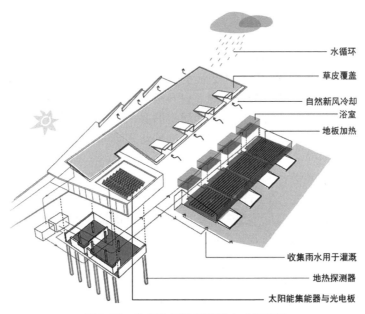

水循环
草皮覆盖
自然新风冷却
浴室
地板加热
收集雨水用于灌溉
地热探测器
太阳能集热器与光电板

图 6.76　外部自然资源利用方式示意图

 本案例设计特点

本幼儿园的设计特点主要反映在以下 3 个方面：

（1）减少建筑体量对周边环境的视觉冲击。建筑主体结合地形，通过下沉方式隐于山丘，并用草皮覆盖屋面，使建筑较好地隐于周围自然环境，从而减少了建筑体量的视觉冲击。

（2）多种设计手段控制室内环境的舒适性。除了组织较好的自然通风、日照等，还采用覆以草皮的、可保证良好隔热效果的绿色甲板屋面，来维持室内环境的舒适性。

（3）从外部环境中获取能量。追求以自然资源来满足日常需求，整个立面长度上进行适当的开窗，允许一天中不同时间的适宜阳光照进室内空间；采用地热探测器来控制地板和热力泵之间的热交换；设置雨水集水槽收集雨水，用于灌溉植被和卫生冲洗；利用太阳能板获取太阳能；研究建筑色彩、材料和空间形态等方面在建筑可持续系统中的作用，并用当代建筑语言进行表达。

6.8 拉脱维亚里加的幼儿园(A Kindergarten in Riga)

6.8.1 项目信息

(1) 项目地点：拉脱维亚，里加(Riga，Latvia)。
(2) 建筑师：拉脱维亚 ARHIS 建筑师事务所(ARHIS Architects)。
(3) 建筑层数：2 层。
(4) 设计时间：2011 年。

6.8.2 总体分析

该幼儿园是拉脱维亚 ARHIS 建筑师事务所参加一次幼儿园建筑竞赛所提交的设计方案。基地位于拉脱维亚里加的一座城市公园旁，是城市绿地系统中的一部分。场地一侧临街，相邻一侧与多座建筑毗邻，另外两侧面向开敞的绿地，场地内地形有起伏。

针对本幼儿园基地环境等方面的条件和城市的要求，建筑师旨在充分利用场地所处的优越环境条件，创造一种新的幼儿园类型，在这种幼儿园中，幼儿能够很容易地学会幼儿之间的协作，与城市环境、城市社会融通。

为此，建筑师对环境条件和设计取向作了深入的分析与思索，重点在幼儿园建筑环境与城市公共空间之间的互惠互利方面进行思考。考虑通过构建三维的幼儿园内部空间，在视觉空间上对城市公园绿地空间形成一种扩展，并利用相邻城市公园的优势，扩大幼儿园幼儿的户外活动范围；同时，幼儿园内部的户外空间，也以自然为主题进行营造，让小朋友们能够与大自然亲密接触。作为一个公共建筑，该幼儿园将是城市公共空间和绿地系统的一部分。

该幼儿园的场地采用以幼儿园内部庭院为中心的三面环绕式布局方式，其中面向相对较大的公园绿地的一侧敞开。临街一侧布置幼儿园建筑的主入口及一些公共管理用房，并设置内部停车位，供接送幼儿的家长停车之用。在相对一侧的公园步道上设置步行出入口；室内游泳馆、体育厅、集会厅和食堂等公共用房，直接面向内部庭院布置，以充分利用庭院中的景观；形态和尺度各异的幼儿班级单元分列相对的两侧布置；在庭院空间中，以不同水平高度层布置多个幼儿户外学习和游玩活动场地；建筑上方的空中蜿蜒绿带，连接内庭院和城市公园空间，但可以根据幼儿安全和幼儿园的其他需要，进行连通或隔离；庭院中设有符合不同年龄需求的儿童游戏场和体育活动场，既可服务园内幼儿，也可供园外儿童使用。

在建筑空间和造型处理上，室内游泳馆、体育厅、集会厅和食堂等公共用房，在面向内部庭院一侧采用通透的弧形大玻璃，既可活跃室内空间形态，又能充分引入外面庭院中的优美景色和活动气氛。同时，这些公共用房之间设有交往空间，可供各种幼儿活动之用；幼儿单元按年龄组设计成体量、形态和尺度各异，内部空间也具有差异性，有利于幼儿识别和认可，因具有一定的相似性，并且采用有规律的布局，整体感很好。

6.8.3 设计(建筑)图片

拉脱维亚里加的幼儿园的设计(建筑)图片如图 6.77～图 6.88 所示。

图 6.77 幼儿园建筑及周边环境鸟瞰

图 6.78 内部庭院之一

图 6.79 内部庭院之二

图 6.80　内部庭院之三

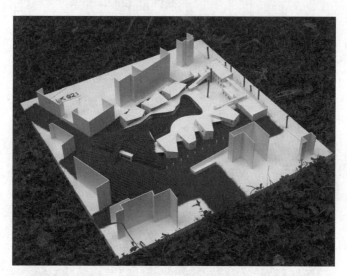

图 6.81　建筑模型

图 6.82　室内游泳馆

图 6.83　食堂室内

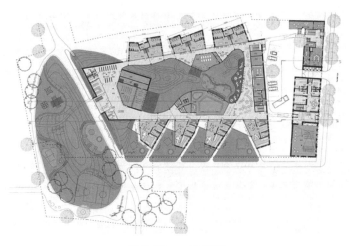

图 6.84　一层平面

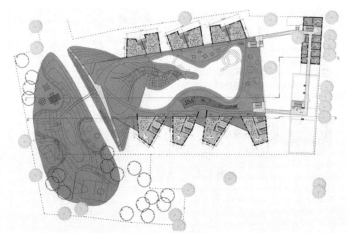

图 6.85　二层平面

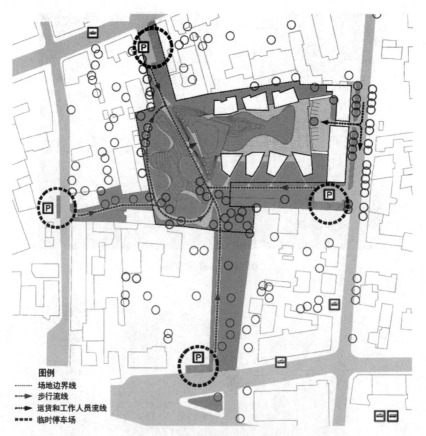

图 6.86　公共空间及交通组织图

图例
······ 场地边界线
···▶ 步行流线
━▶ 运货和工作人员流线
▪▪▪▪ 临时停车场

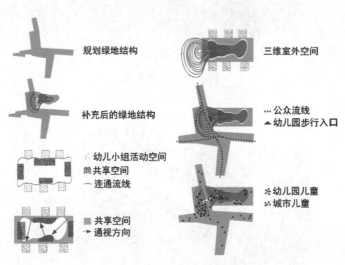

规划绿地结构

补充后的绿地结构

幼儿小组活动空间
共享空间
连通流线

共享空间
通视方向

三维室外空间

···公众流线
▲幼儿园步行入口

幼儿园儿童
城市儿童

图 6.87　场地分析图

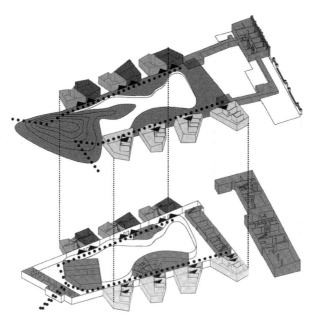

图 6.88 建筑空间构成及幼儿流线组织

✎ 本案例设计特点

本幼儿园建筑设计的特点主要体现在两个方面：

（1）将相邻的城市公园的景观资源纳入到幼儿园建筑与环境设计的考虑范围，并进行多方位的借用和整体上的系统合理安排，同时使幼儿园建筑环境成为城市公园的一个有机组成部分，景观协调并为城市提供部分使用功能。

（2）幼儿园建筑及庭院环境的空间形态和功能丰富多彩，变化多样且有机统一，室内外空间融通，整体性好。

6.9 法国布雷的儿童看护机构(Childcare Facility in Boulay)

6.9.1 项目信息

（1）项目地点：法国，布雷。

（2）建筑师：PAUL LE QUERNEC 建筑师事务所(PAUL LE QUERNEC ARCHITECTES)。

（3）建筑层数：1 层。

（4）建筑面积：1000m²。

（5）设计时间：2010 年。

6.9.2　总体分析

这座位于法国布雷(Boulay)一个城市门户地段的儿童看护机构，是建筑师为参加业主于 2010 年发起的一次建筑设计竞赛所做的方案。该项目所处地块空间开敞，几乎没有什么规划限制，使建筑师得以较为自由地设计发挥，并在设计中能够聚焦于建筑的功能优化、安全性和舒适性等。虽然该儿童机构看护对象是婴儿，但其建筑设计构想和设计处理方法等，对幼儿园的建筑设计具有借鉴作用。

按照建筑师的观点，婴幼儿机构的服务对象是幼儿，这使家长和工作人员对环境具有一些行为和敏感性方面的要求。鉴于婴幼儿在生理和心理方面的脆弱性以及被保护的需求，婴幼儿机构的保育要求应被考虑并融入建筑设计之中。为此，在本地块没有什么规划限制等宽松条件下，建筑师选择"子宫"作为设计理念成为可能。

在场地布局上，除了在场地短边靠近街道一侧布置一个小型停车场之外，建筑师将一个具有较为完整平面形态的建筑，布置在余下的近乎方形的用地范围内。入口退后街道设置而远离道路交通，同时，为了增强人们的安全感，入口内凹深藏于建筑；必要车辆接近建筑之处，采取设置尽端式单行道的方式，避免车辆轻易停驻或发生伤人意外；此外，车辆下人区紧邻人行道，以免家长怀抱孩子横车行道之扰。

建筑外部造型似鲜艳的"花朵"，以一个位于中间的中庭为中心，通过向心或离心安排相关空间的手法，进行空间布局和处理。其中，技术性和管理性用房靠近停车场的北侧集中布置，而南侧布置儿童使用的空间。南向的室外空间，设有建筑扩展出来的顶棚遮盖儿童游戏空间，以免儿童日晒雨淋；建筑中间的中庭就像马戏团的大帐篷，中央的天窗让光线尽情地洒入室内；整个建筑没有设置走廊，全靠建筑中间的中庭联系各个房间，不管从哪个方向，孩子们都能直接到达中间的中庭；整个建筑没有主立面，也没有背立面，孩子们无论从哪个角度看，都能看见建筑那匀称和美丽的外观；此外，因场地内有一定的自然地面坡度，所以布置了一些与环境相适应的层层相叠的户外平台，这些平台相应地可用于游戏、教学型花园等。

虽然建筑的造型曼妙婀娜，但建造的方法却依然传统。曲面的屋顶采用木结构搭建，外立面是绝缘黏土砖外施以涂料再进行彩绘；内表面是石膏墙，有隔声要求的就做双层石膏板，天花板则用穿孔石膏板；地面安装地暖加热系统；外墙配上有趣的圆点彩绘，就像是孩子们亲手涂在上面的；出于安全考虑，建筑内没有任何的棱角，保证了孩子们嬉戏游玩时的安全。

6.9.3　设计(建筑)图片

法国布雷的儿童看护机构的设计(建筑)图片如图 6.89～图 6.107 所示。

图 6.89 建筑入口外观

图 6.90 建筑整体远眺一

图 6.91 建筑整体远眺二

图 6.92　北侧停车场及北入口

图 6.93　侧面车入口

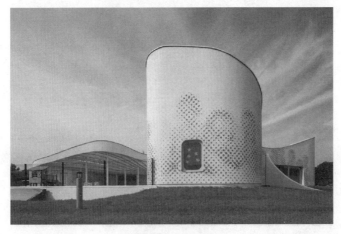

图 6.94　局部外观

图 6.95 带顶棚的室外活动空间

图 6.96 中央大厅空间及顶部采光口

图 6.97 幼儿用房内部空间

图 6.98　门厅

图 6.99　厨房

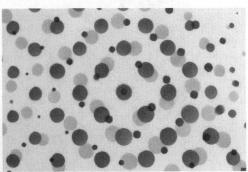

图 6.100　外墙面装饰

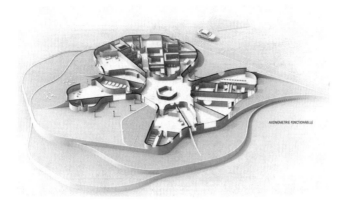

图 6.101 建筑室内外空间布局轴侧示意

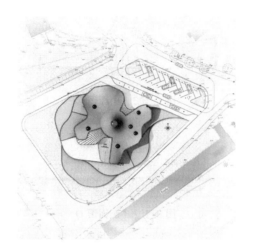

图 6.102 总平面

图 6.103 平面图

图 6.104　剖面图 A

图 6.105　剖面图 B

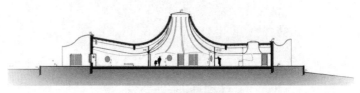

图 6.106　剖面图 C

图 6.107　剖面图 D

本案例设计特点

　　以有寓意的设计理念，围绕中间的中庭，用向心的空间结构和曲面流畅的界面，进行建筑空间和建筑形态的整体建构。该建筑造型独特，色彩鲜艳，空间尺度亲切，处处关注儿童心理需求和空间安全性。

6.10 越南农场幼儿园(Farming Kindergarten，Vietnam)

6.10.1　项目信息

　　(1) 项目地点：越南，同奈省(Đồng Nai，Vietnam)。

　　(2) 建筑师：Vo Trong Nghia 建筑师事务所(Vo Trong Nghia Architects)。

　　(3) 建筑层数：2 层。

　　(4) 建筑面积：3800m^2。

　　(5) 设计时间：2013 年。

6.10.2　总体分析

这座位于越南同奈省的幼儿园，是由越南 Vo Trong Nghia 建筑师事务所于 2013 年设计的，可为 500 名学龄前儿童提供开展具有热带地区特色教育的场所。

该幼儿园以"农场幼儿园"为建筑设计理念，旨在创建热带气候地区的可持续性教育空间的一种原型，为幼儿提供学习种植所需食物的体验。设计方案最终所呈现的是一座带有蔬菜农场屋顶的幼儿园。

该幼儿园建设用地面积为 10650m²，用地形状呈近似于三角形的梯形，北侧较窄；场地西侧和南侧为城市道路，分别开设三个场地出入口，其中主要入口位于西侧道路。建筑师采用由一个连贯条状的、屋顶从两端的地平面起步并逐渐达到二层高度的建筑体量回环成"结"的手法，来构成整座幼儿园建筑，并将其布置在场地内相对居中的位置。建筑平面外轮廓大致为三角形，很好地适应了用地形状；回环成"结"后所形成的三个内院，很自然地成为安全和舒适的幼儿室外活动场地。

这座幼儿园建筑在造型上采用整体构建，具有很好的整体感，形态富有流动感，空间具有活力。最为突出并与设计理念一致的是利用高度渐变的屋顶，形成一个屋顶"农场"。在这里，"儿童和教师可以轻松地来到屋顶种植园中，而屋顶则开启了一次生态环保的新鲜体验，儿童可以自由穿梭，开始他们的探索发现"。屋顶"农场"成为教育儿童农业的重要性和人与自然关系的很好场所。而入口处内院两侧的底层架空设计，各处外墙(廊)面上的竖向混凝土遮阳板以及由屋顶种植物下垂的绿色枝条，也为建筑适应热带气候、建筑节能等做出贡献。

此外，该幼儿园建筑还广泛运用了建筑上的和节能技术上的多种方法，包括绿色屋顶、计算机验证混凝土遮阳设计和通风设计，以及循环利用材料和水、太阳能热水等，而且相关装置设计成可视，这对儿童的可持续教育中起到重要的作用。

6.10.3　设计(建筑)图片

越南农场幼儿园的设计(建筑)图片如图 6.108～图 6.118 所示。

图 6.108　整体鸟瞰

图 6.109　北侧庭院

图 6.110　入口处附近的庭院

图 6.111　屋顶农场

图 6.112 入口前庭

图 6.113 幼儿活动室室内
（可见外墙遮阳板及植物垂枝）

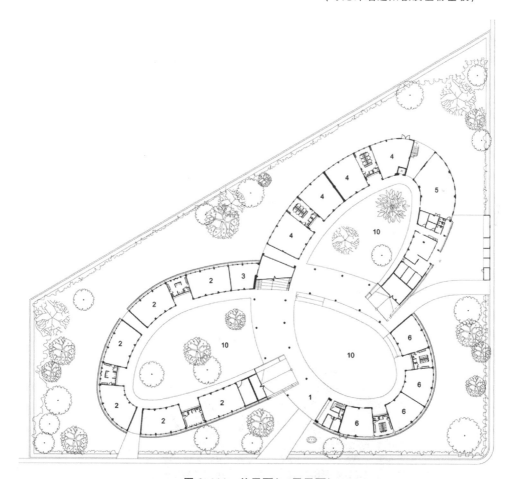

图 6.114 总平面（一层平面）

1—入口；2—幼儿教室；3—艺术工作室；4—学前班教室；5—健身房；

6—学前班教室；7—教师办公室；8—艺术教室；9—学前班教室；10—庭院

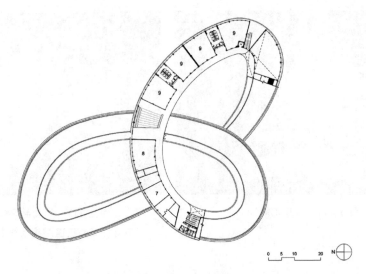

图 6.115　二层平面

1—入口；2—幼儿教室；3—艺术工作室；4—学前班教室；5—健身房；

6—学前班教室；7—教师办公室；8—艺术教室；9—学前班教室；10—庭院

图 6.116　立面图一

图 6.117　立面图二

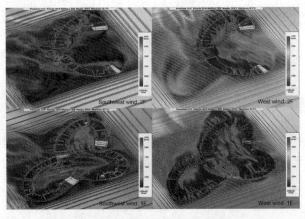

图 6.118　建筑自然通风计算机模拟分析

本案例设计特点

该幼儿园建筑的最大特点是利用一个连贯条状的、屋顶从两端的地平面起步并逐渐达到二层高度的建筑体量回环成"结"的手法构成建筑整体，并将屋顶设计用于真正的农业种植，从而形成屋顶"农场"。整个建筑从设计理念、设计处理手法等方面浑然一体，并多角度、多方位进行呼应和集成。

6.11 埃尔波韦尼尔幼儿园（Social Kindergarden El Porvenir）

6.11.1 项目信息

（1）项目地点：哥伦比亚，波哥大。
（2）建筑师：Giancarlo Mazzanti。
（3）建筑层数：3 层。
（4）建筑面积：2100m²。
（5）设计时间：2007 年。
（6）建成时间：2009 年。

6.11.2 总体分析

该幼儿园位于一个未经规划的荒凉与边缘的贫民区，四周分布着铁锈斑斑的建筑和零星的房子。Giancarlo Mazzanti 的新建筑像一道曙光，划破黑暗的天际，干净清澈的轮廓线令人耳目一新。新建筑在最大程度上避免了贫穷和暴力，给孩子们带来无穷的想象和希望。

在设计中，建筑师将幼儿园与周边的地形和环境等多种因素相适应。平面功能布局合理，流线顺畅。内部的边角是一个弯曲的石廊柱，设置了长凳和庇荫处，供小朋友们乘凉和进行社交活动。幼儿园里还设置了一些公共空间，如多功能室、儿童俱乐部、厨房和就餐区等。这些公共空间位于石廊柱之外，保证了教室的安全。这座幼儿园成为社区不可分割的一部分，推动了其加快社会更新的使命。在尝试了各种不同的方法后，设计师最终决定建立一个清晰的立面，最大限度地与周围的环境面对面。为了实现这个目的，功能的优化最终演变为大面积的绿化和有趣的公共空间的形式，幼儿园的最外圈是公共部分，而内圈则是完全属于孩子们的空间。教室的边角用椭圆形的不锈钢网面围绕，让孩子安全地在此嬉戏。

6.11.3 设计（建筑）图片

埃尔波韦尼尔幼儿园的设计（建筑）图片如图 6.119～图 6.131 所示。

图 6.119　高点鸟瞰图

图 6.120　低点鸟瞰图

图 6.121　活动室外景

图 6.122 室外活动场地一

图 6.123 室外活动场地二

图 6.124 室外活动场地三

图 6.125　室外楼梯及铺装

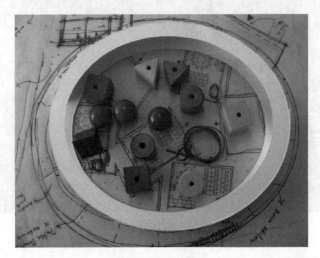

图 6.126　概念图

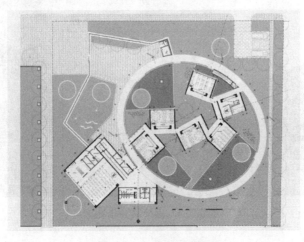

图 6.127　首层平面图

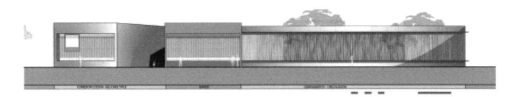

图 6.128　立面图一

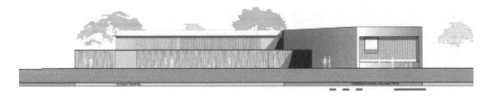

图 6.129　立面图二

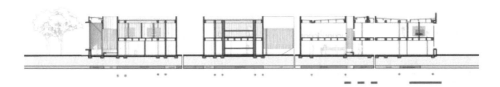

图 6.130　剖面图一

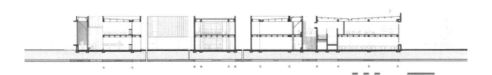

图 6.131　剖面图二

 本案例设计特点

在整个设计中，设计师将"积木"作为设计概念，不同形状的"积木"设计成很多容易识别的单元。带状单元、旋转模块（教室供儿童用）、公共模块（供成人用）组合在一起，并通过不同的步骤来进行规范。5 个教室单元随意布局，并以一个流通路径连接。每个教室都是简单的两层楼混凝土盒子结构，两端是玻璃立面。教室就像集装箱一样，在不同环境中可以用同样的方式迅速搭建这种造价不高的教育空间，这一点对不富裕的发展中国家很重要。内圈教室部分的围挡和外圈五角星形的幼儿园围墙，采用如芦苇秆一样的管状物遮隔，不完全遮挡视线，并使室内与外部环境形成了良好的过渡。全白色的建筑与周围砖红色的建筑存在本质上的不同，干净的建筑隔绝了一切不该影响到孩子们的恶行和歧视。这一理念贯穿了建筑中的教室、公共绿地、多功能室和就餐区 4 个功能部分。

在造型上，设计师借鉴积木的形象，力求增加幼儿园空间的多样性、趣味性，使之轻松活泼，以适应幼儿的心理与生理特点。

6.12 乐天幼儿园(Kindergarten-Lotte)

6.12.1 项目信息

(1) 项目地点：爱沙尼亚，塔图(Tartu，Estonia)。
(2) 建筑师：Kavakava Architects。
(3) 建筑层数：3 层。
(4) 建筑面积：2100m^2。
(5) 设计时间：2007 年。
(6) 建成时间：2008 年。

6.12.2 总体分析

这座幼儿园的布局，是将六角(花瓣)星形的建筑平面图挤进一个正方形。这种平面组织形式避免了长廊的出现，为这座建筑创造了有序的外部公共空间。在幼儿园的南面留出的空间可以作为一个室外活动场地。

成功的幼儿园设计应该从建筑形态、空间尺度、色彩等多方面做到令幼儿们感到舒适，而不是令其产生不安、恐慌、焦虑等负面情绪。在设计中，建筑师以儿童的视角打造属于他们的世界，创造出令孩子们愿意主动接近的外部活动空间。在低洼街道这一面的外表，有一个向内的特点。混凝土的墙壁，有色玻璃的小窗户，还有和这栋建筑一样高的用竹子编成的栅栏，可以把幼儿园从外面的世界分离开来，但并没有将幼儿与外界完全隔绝。围绕中央大厅的长廊，又可以兼做孩子们的游乐场。中央大厅比地面低大约 1m，形成一个阶梯的效果，大厅形成一个相对独立的开放空间。六个角(六个花瓣)包括家庭室、创新教室、幼儿教室(2 个)、厨房及餐厅和行政办公室。阳光透过三角形状的窗，使得室内犹如满天灿烂星光，既取得了良好的采光效果，又丰富了室内的空间氛围。

6.12.3 设计(建筑)图片

乐天幼儿园的设计(建筑)图片如图 6.132～图 6.149 所示。

图 6.132　整体鸟瞰图

图 6.133　室内外过渡的处理—围栏

图 6.134　室内外环境过渡—围栏细部

图 6.135　幼儿园室外活动场地道路

图 6.136　幼儿园夜景

图 6.137　幼儿园外立面一

图 6.138　幼儿园外立面二

图 6.139 活动室内景一

图 6.140 活动室内景二

图 6.141 活动室内景三

图 6.142 幼儿园细部设计

图 6.143 幼儿园窗户细部

图 6.144 楼面支梁交接

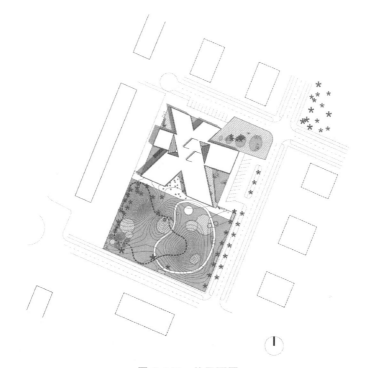

图 6.145 幼儿园概念图

图 6.146 总平面图

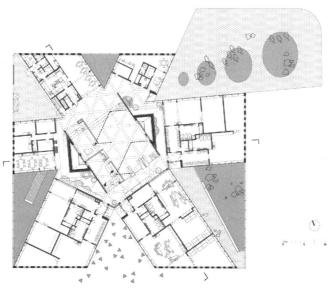

图 6.147 首层平面图

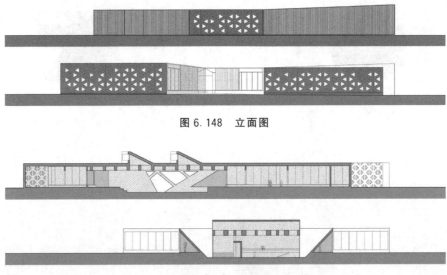

图 6.148　立面图

图 6.149　剖面图

 本案例设计特点

　　整个设计用连续的几何体贯穿其中，用 60°相交线条组织平面布局。在立面设计中，建筑师以同样的设计方法运用在建筑的外立面及室内墙壁。同一母题在建筑平面、立面得到充分的利用，实现了建筑平、立面的高度协同统一。大小不一的三角形窗在色彩的点缀下显得生动、活泼、有趣，尊重了建筑的受众。

　　设计师通过建筑的独特几何形状，使幼儿园在区域内很容易被公众识别，并通过建筑结构的设计，不仅给当地儿童提供了很好的活动、学习场所，同时创造了很好的内部与外部、建筑功能的视觉传达。幼儿园由现浇混凝土建成，因此在夏天时容易散发出惊人的热量，而采用自然通风与机械通风相结合，则可将热量减少到最小值。孩子们的休息室朝南面，房间都有足够的自然光。

6.13 博洛尼亚艾米丽儿童中心

(The New Center for Childhood in Ozzano Dell Emilia Bologna，Italy)

6.13.1　项目信息

　　(1) 项目地点：意大利，博洛尼亚。

　　(2) 建筑师：cd studio / Luca Ciaffoni, Michele Ciutti, Antonio Di Marcantonio, Aldo Benedetti。

　　(3) 建筑层数：1 层。

　　(4) 建筑面积：1625m^2。

(5) 设计时间: 2006—2008 年。

(6) 建造时间: 2008—2010 年。

6.13.2　总体分析

该项目是当地政府和 ConsorzioKarabak Setter 共同创建的一个融资项目。该项目基地一面临城市道路；另一面临居住区，基地区位较好。本项目涵盖两个部分，但这里重点关注的是其中的学校建筑，包括一个幼儿园、一个婴儿室和一个白天托儿所，它们被布置在细长的空间内，立于平坦的场地内。设计只有一个立面，第二个建筑则分三层安排立面；档案室和车库位于首层，公共接待室和办公室则位于二、三层。

建筑造型针对儿童的心理特点和儿童的尺度感，以简洁的几何体为建筑的基本语言，采用了穿插、堆叠的手法，创造了多种趣味变形的动物造型，在外走廊上还设计了多种窗洞变化，除了满足基本的采光、通风外，还丰富了建筑的整体形象，为幼儿提供了独特观察角度和视觉图框。

6.13.3　设计(建筑)图片

博洛尼亚艾米丽儿童中心的设计(建筑)图片如图 6.150～图 6.169 所示。

图 6.150　室外透视图

图 6.151　低点鸟瞰图

图 6.152　室外活动场地日景

图 6.153　室外活动场地夜景

图 6.154　室外活动场地

图 6.155　室外道路铺装

图 6.156　外立面细部

图 6.157　室外夜景

图 6.158　活动室内景

图 6.159　活动室内景

图 6.160　活动室走廊

图 6.161 室外活动场地器械区

图 6.162 基地分析一

图 6.163 基地分析二

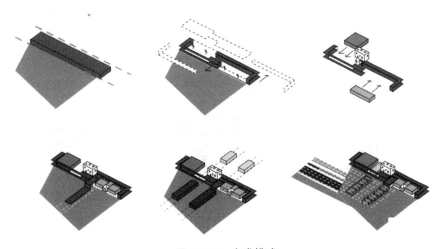

图 6.164 生成模式

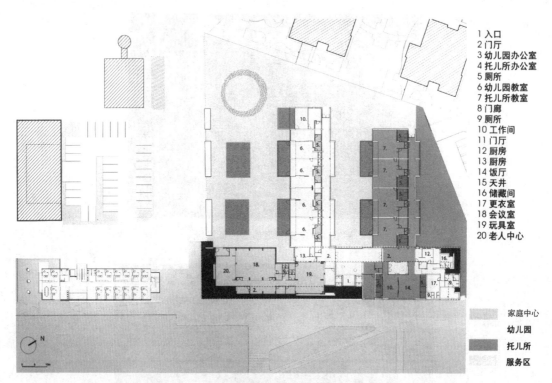

1 入口
2 门厅
3 幼儿园办公室
4 托儿所办公室
5 厕所
6 幼儿园教室
7 托儿所教室
8 门廊
9 厕所
10 工作间
11 门厅
12 厨房
13 厨房
14 饭厅
15 天井
16 储藏间
17 更衣室
18 会议室
19 玩具室
20 老人中心

家庭中心
幼儿园
托儿所
服务区

图 6.165　首层平面图

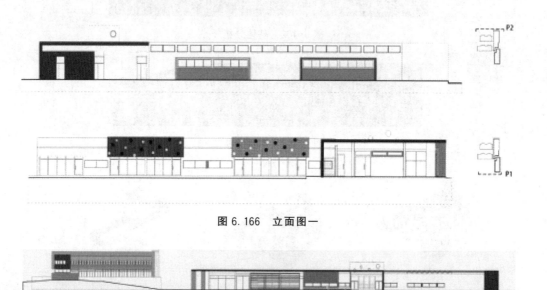

图 6.166　立面图一

图 6.167　立面图二

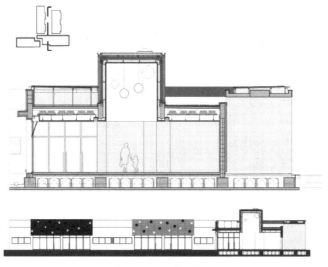

图 6.168　剖面图

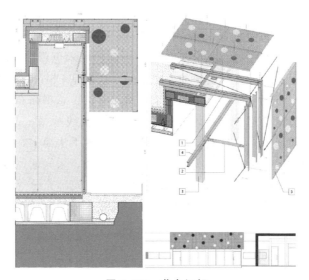

图 6.169　节点细部

✎ **本案例设计特点**

　　在设计中，建筑师运用对比和互补的元素使建筑整体变得和谐。因此，具有深入的视觉感，画有圆点的半透明的外立面围合形成的建筑体块。而平面的布局方式使得绿色环境更加自然地渗透到建筑的每一个视野。大片的玻璃墙，让幼儿仿佛生活在大自然之中。光影的处理使得前后两栋建筑得到了有机的协调与统一，加强了建筑之间的联系及整体感。

　　该建筑打破围墙，塑造了开放性强、便于沟通交流的建筑空间。封闭性太强的空间对儿童的成长不利，容易引起儿童打架和竞争性加强，并回避社会交流。而降低封闭性，则给了孩子们更加和平快乐的空间环境。

6.14 日本兵库县的幼儿园(Christ the King Kindergarten)

6.14.1 项目信息

(1) 项目地点：日本，兵库县。

(2) 建筑师：Atelier Cube。

(3) 建筑层数：2 层。

(4) 建筑面积：1088.88m²。

(5) 设计时间：2007 年 10 月—2008 年 8 月。

(6) 建设时间：2008 年 9 月—2009 年 3 月。

6.14.2 总体分析

日本兵库县的幼儿园与我们印象中的幼儿园有太多的不同，没有令人眼花缭乱的色彩，也没有处处充满保护的围栏。有的只是简单协调的原木色彩以及向内围合对外开放，延续当地特色和自然景观让人心情安宁的广阔空间，这就是 Christ the King 幼儿园。基地东临城市道路，周边环境相对简单，东西边窄，南北向长。总平面布置以东西向为主，场地建筑、活动场地等分区合理。主出入口设置在北侧，流线顺畅，但室内外过渡不明显。建筑由清水混凝土浇筑而成，颇具地域特色。外立面处理手法简洁，以"矩形"作为创作的母题，通过"矩形"的大小变化来实现立面的虚实结合，采光通风效果好。建筑师通过窗户的处理，创造了丰富的空间效果。在细部处理上，建筑师充分尊重了幼儿的生理及心理特点，建筑中所使用的楼梯及家具的尺度适宜，既尊重了幼儿使用尺度，也兼顾了成人使用尺度。

6.14.3 设计(建筑)图片

日本兵库县的幼儿园的设计(建筑)图片如图 6.170～图 6.186 所示。

图 6.170　室外活动场地

图 6.171　外立面效果图

图 6.172　外立面夜景

图 6.173　活动室内景一

图 6.174　活动室内景二

图 6.175　活动室内景三

图 6.176　活动室内景四

图 6.177 活动室内景五

图 6.178 活动室内景六

图 6.179 活动室楼梯

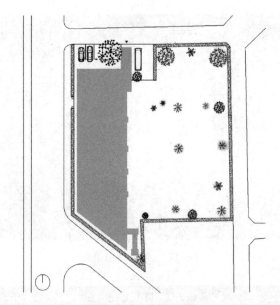

图 6.180　总平面图

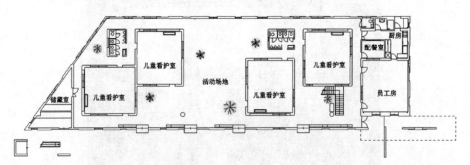

图 6.181　首层平面图

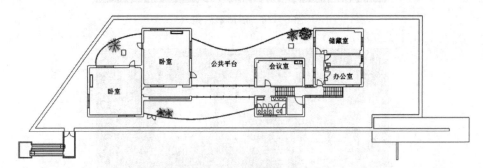

图 6.182　二层平面图

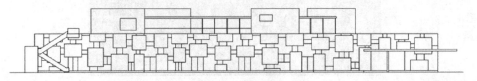

图 6.183　立面图一

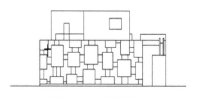

图 6.184　立面图二

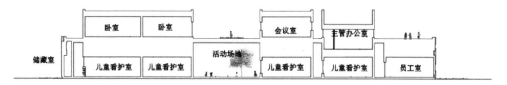

图 6.185　剖面图一

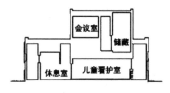

图 6.186　剖面图二

本案例设计特点

与通常认知的五彩缤纷不同，Atelier Cube 设计事务所所做的幼儿园有着朴素的外观和内饰。这个幼儿园采用的是蒙特梭利(意大利女医师及教育家)的教学方法。设计包含一个像素般的表皮，上面点缀窗户及带有层次性的混凝土板面，这个表皮充当室外游乐场的背景。这些开口大小不同，位置也是非对称的，它们吸收光线、风，为建筑带来不同的体验，与户外产生巧妙的互动。这个表皮的设计是为了与周边的环境形成一定的距离，同时又激发孩子们的多种感受。

幼儿园充分利用了引人注目的混凝土来为建筑创造一种动态的室内外表面。建筑表皮那具有层次和韵律的方形混凝土板成为了室外游乐场的背景。外皮大小不同、位置没有规律的窗洞为室内引入光、风和迥异的空间体验，让室内空间与室外环境紧密相连。这样，设计从环境中脱颖而出并激发孩子们的感官体验。

6.15 法国巴黎长颈鹿儿童看护中心(Giraffe Childcare Center)

6.15.1　项目信息

(1) 项目地点：法国，巴黎。

(2) 建筑师：Hondelatte Laporte。

（3）建筑层数：3 层。

（4）建筑面积：1450m²。

（5）设计时间：2012 年。

（6）建成时间：2012 年。

6.15.2　总体分析

长颈鹿儿童看护中心位于巴黎郊区 Boulogne－Billancourt 塞纳区塞金河 C1 街区。这座公共建筑位于让·努维尔设计的"地平线"塔楼旁，处在建于 20 世纪 70 年代的 Vieux pont de Sèvres 小区和名为 le Trapèze 的新区的交界处。这个区域建筑密度很高，形成了高低错落的天际线。

为了使建筑与这里特殊的城市景观融为一体，建筑师将建筑设计为三层。朝南的操场是室内空间的延伸，独特的混凝土动物雕塑使操场别具一格。从周围的塔楼上看，露台规律的序列成为附近真正的"第五立面"。建筑立面由白色波纹铁板制成，为野生动物雕塑提供了背景。野生动物充满了这个空间：一只长颈鹿似乎正在安静地吃着旁边公园里的树叶，一只北极熊正努力地爬上屋顶，还有一群瓢虫爬上了立面，试图爬到内庭院中。建筑变成了故事叙述，它改变着自己的身份，成为一处景观，象征着城市丛林。动物与树木将建筑与大自然及其运动联系起来。长颈鹿成为托儿所的标志，因为它从周围区域的任何角度都能看到。这些生动的动物雕塑形式和蔼可亲，让人们觉得仿佛生活在梦境里。这些有趣的梦幻般的雕塑为城镇的日常生活注入了一点点梦幻效果，给人们的生活增添些许诗意。

6.15.3　设计(建筑)图片

法国巴黎长颈鹿儿童看护中心的设计(建筑)图片如图 6.187～图 6.199 所示。

图 6.187　幼儿园全景

图 6.188 入口长颈鹿雕塑

图 6.189 入口

图 6.190 游乐场地的北极熊雕塑

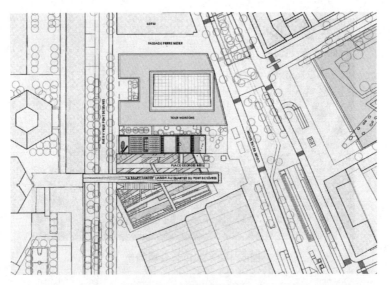

图 6.191　总平面图

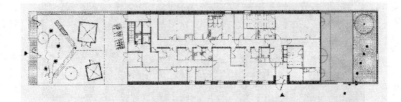

图 6.192　首层平面图

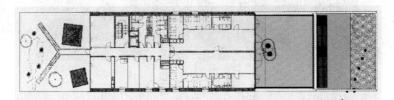

图 6.193　二层平面图

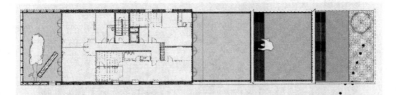

图 6.194　三层平面图

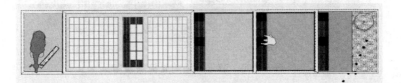

图 6.195　屋顶平面图

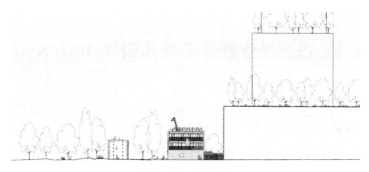

图 6.196　立面图 1

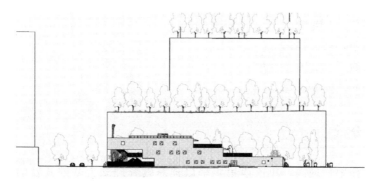

图 6.197　立面图 2

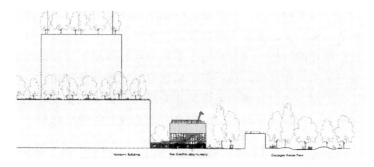

图 6.198　立面图 3

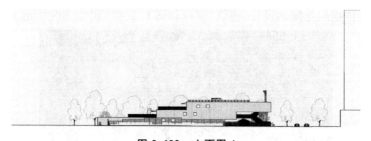

图 6.199　立面图 4

　本案例设计特点

　　本幼儿园在建筑及环境设计方面十分具有特点，凭借着一种丛林氛围的营造，使幼儿的感知从城市背景成功切换到大自然中。其设计理念是利用孩子们的想象力使城市景观充满生气。

6.16 巴西圣保罗佳期幼儿园(Marcio Kogan)

6.16.1 项目信息

(1) 项目地点：巴西，圣保罗。

(2) 建筑师：Marcio Kogan，Lair Reis。

(3) 建筑层数：3层。

(4) 建筑面积：870.75m²。

(5) 设计时间：2007年。

(6) 建成时间：2008年。

6.16.2 总体分析

该项目位于住宅区域内，是巴西第一个以独家教育理念为基础开发的、专为0~3岁儿童设计的托儿所。项目重点是纳入这一计划的具体情况，寻求充分的创造性解决方案。

首先要设想出一个抽象的空间，脱离普通托儿所的设计套路，充满童趣，能够满足托儿所涉及的多种功能需求。交通流线主要以坡道构成，长长的坡道成了孩子们上下楼层的必经通道，也是他们嬉戏的场地。坡道采用了柔软的地板等便于使用的材料，这些都是塑造安全、舒适环境的基础，在这里，孩子们可以很容易地展开各种活动。参与设计的技术团队同样坚持着这一方向，提出最理想的方案，为托儿所提供质量上佳的空气、水、地热设备和协调的照明装置，保证孩子们之间的安全互动为设计的中心思想。

6.16.3 设计(建筑)图片

巴西圣保罗佳期幼儿园的设计(建筑)图片如图6.200~图6.208所示。

图6.200 幼儿园全景

图 6.201 穿插的体块

图 6.202 入口

图 6.203 坡道

图 6.204　室内

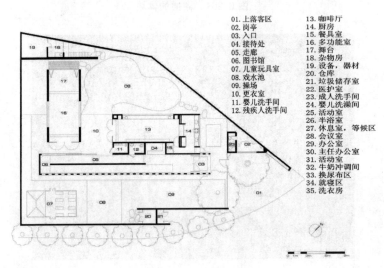

01.上落客区	13.咖啡厅
02.岗亭	14.厨房
03.入口	15.餐具室
04.接待处	16.多功能室
05.走廊	17.舞台
06.图书馆	18.杂物房
07.儿童玩具室	19.设备,器材
08.戏水池	20.仓库
09.操场	21.垃圾储存室
10.更衣室	22.医护室
11.婴儿洗手间	23.成人洗手间
12.残疾人洗手间	24.婴儿洗澡间
	25.活动室
	26.半浴室
	27.休息室,等候区
	28.会议室
	29.办公室
	30.主任办公室
	31.活动室
	32.牛奶冲调间
	33.换尿布区
	34.就寝区
	35.洗衣房

图 6.205　地面层平面图

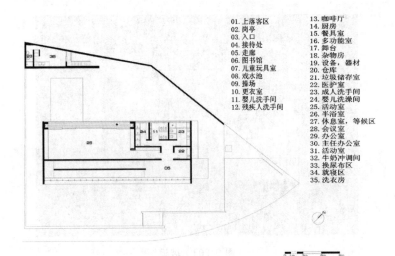

01.上落客区	13.咖啡厅
02.岗亭	14.厨房
03.入口	15.餐具室
04.接待处	16.多功能室
05.走廊	17.舞台
06.图书馆	18.杂物房
07.儿童玩具室	19.设备,器材
08.戏水池	20.仓库
09.操场	21.垃圾储存室
10.更衣室	22.医护室
11.婴儿洗手间	23.成人洗手间
12.残疾人洗手间	24.婴儿洗澡间
	25.活动室
	26.半浴室
	27.休息室,等候区
	28.会议室
	29.办公室
	30.主任办公室
	31.活动室
	32.牛奶冲调间
	33.换尿布区
	34.就寝区
	35.洗衣房

图 6.206　首层平面图

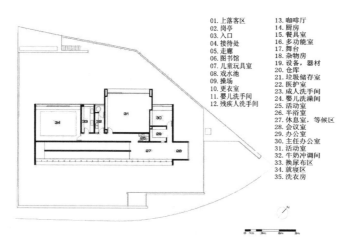

01. 上落客区   13. 咖啡厅
02. 岗亭   14. 厨房
03. 入口   15. 餐具室
04. 接待处   16. 多功能室
05. 走廊   17. 舞台
06. 图书馆   18. 杂物房
07. 儿童玩具室   19. 设备,器材
08. 戏水池   20. 仓库
09. 操场   21. 垃圾储存室
10. 更衣室   22. 医护室
11. 婴儿洗手间   23. 成人洗手间
12. 残疾人洗手间   24. 婴儿洗澡间
25. 活动室
26. 半浴室
27. 休息室,等候区
28. 会议室
29. 办公室
30. 主任办公室
31. 活动室
32. 牛奶冲调间
33. 换尿布区
34. 就寝区
35. 洗衣房

图6.207 二层平面图

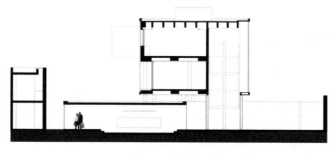

图6.208 剖面

本案例设计特点

简洁明快的平面布局和造型是该幼儿园设计追求安全、舒适环境的结果呈现。透明盒子保证了室内外的视线交流。

6.17 德国明斯特幼儿园(St. Sebastian Kindergarten)

6.17.1 项目信息

(1)项目地点:德国,明斯特(Münster,Germany)。

(2)建筑师:BOLLES+WILSON,Anne Elshof,Christoph Lammers,Christoph Macholz。

(3)建筑层数:3层。

(4)建筑面积:1120m²。

(5)设计时间:2009年。

(6)建成时间:2013年。

6.17.2　总体分析

项目位于德国西北部的明斯特，建筑主体是一个优雅的椭圆形。2009年设计竞赛中获得一等奖的勒斯＋威尔逊事务所计划设想的特点是给出一个新的生命形式和功能——与周边房屋相对屏蔽的幼儿园。幼儿园功能很好地分布在两层的平屋顶立方建筑内。室内游戏场地是一个两层通高的空间，以及一个夹层，夹层是首层房间的屋顶，这些屋顶成为孩子们全天候玩耍的场所。通过通风格子和透明屋面的自然采光，提供给孩子们不受气候影响的全年嬉戏"露天"空间。游戏室的墙壁上用了 $140m^2$ 的 $30cm \times 60cm$ 声学面板，装饰出一头大象、一条蛇和一条鳄鱼。地面材料是通常用于室外体育场地的草绿色地板。同时，场内运用街灯作为照明，进一步加强了游戏室的室外感。幼儿园主楼有五个出入口，分别是主入口、通往副楼的连通口、通往南面室外游乐场地的出口、通往北面室外场地的出口及通往副楼前广场的出口。

6.17.3　设计(建筑)图片

德国明斯特幼儿园的设计(建筑)图片如图6.209～图6.217所示。

图 6.209　幼儿园全景

图 6.210　入口

图 6.211 室内

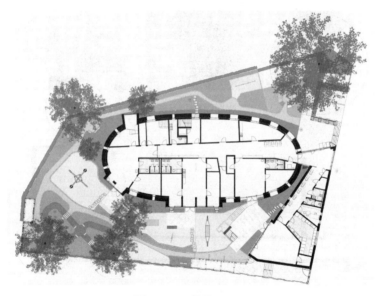

图 6.212 首层平面图

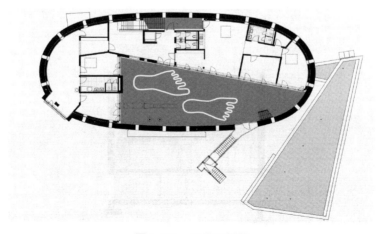

图 6.213 二层平面图

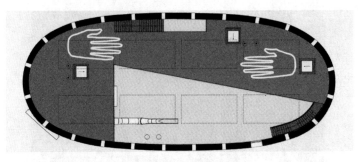

图 6.214 夹层平面图

图 6.215 立面图

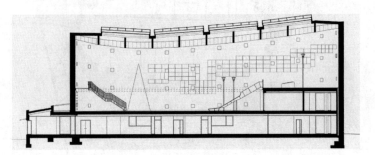

图 6.216 剖面图 1

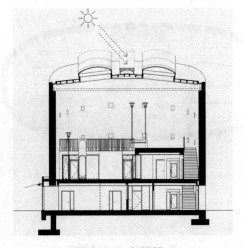

图 6.217 剖面图 2

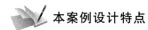

本案例设计特点

由于当地冬天很冷，如何避免气候的不利因素影响是该设计重点考虑的问题。因此，设计一个相对封闭，开窗很小，但室内具有全天候活动条件的建筑成为很好的解决方案。

6.18 荷兰乌特勒支小青蛙日托中心

6.18.1 项目信息

(1) 项目地点：荷兰，乌特勒支。
(2) 建筑师：Drost + van Veen 建筑事务所。
(3) 建筑层数：3 层。
(4) 建筑面积：530m^2。
(5) 建成时间：2003 年。

6.18.2 总体分析

新日托中心"小青蛙"（de kleine Kikker，荷兰语）位于荷兰乌特勒支，是一个活泼的、令人快乐的、色彩斑斓的建筑。它可以俯瞰牧场里吃草的绵羊。建筑的左侧是一个有特色的老农舍，像古迹一样，拥有茅草的坡屋顶；而右侧是一栋木质牛棚。新建筑作为一个当代农舍来设计，这体现在材料和结构（钢结构）上。彩色的立面和铝制屋顶与周围朴素的环境形成对比。坡屋顶的轮廓与现存农场建筑相呼应。而新建筑的背面转化成一个现代的、功能化的建筑形式，平平的屋顶，而不是农舍似的坡屋顶。新建建筑包括 4 个 0～4 岁的幼儿班级。内部空间的组织简单而有逻辑性；各房间彼此间享有令人意外的良好视觉效果，为孩子们和老师创造了绝佳的室内环境。该建筑采用对称体量，有两层高。日托中心沿建筑中轴线镜面布置。整个建筑被清晰地分为三个区域。前侧是职工用房、中间是活动和入口区域、后侧是孩子们的班级区域。建筑后侧宽大的阳台为二层的孩子们提供了室外活动空间，同时像个遮阳雨篷一样阻止了直射太阳光线进入首层。

6.18.3 设计(建筑)图片

荷兰乌特勒支小青蛙日托中心的设计(建筑)图片如图 6.218～图 6.227 所示。

图 6.218　幼儿园全景

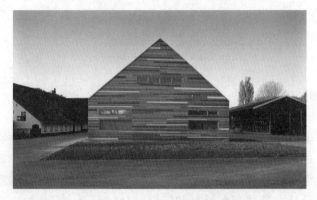

图 6.219　幼儿园与周边的农舍 1

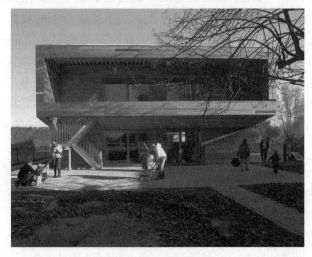

图 6.220　活动场地

图 6.221 幼儿园与周边的农舍 2

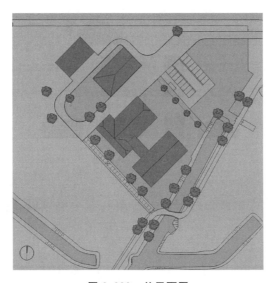

图 6.222 总平面图

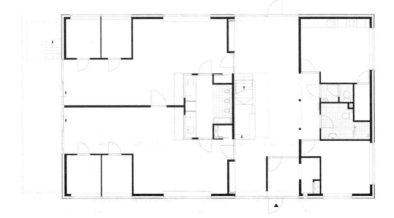

图 6.223 首层平面图

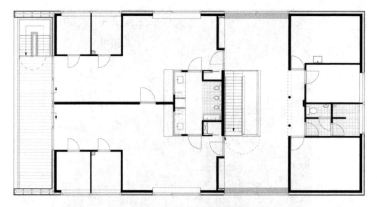

图 6.224　二层平面图

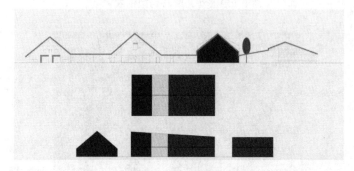

图 6.225　立面图

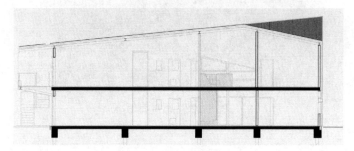

图 6.226　剖面图 1

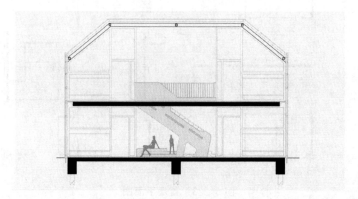

图 6.227　剖面图 2

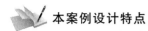 **本案例设计特点**

从地理环境、人文环境出发考虑建筑设计，也是建筑师常用的设计理念出发点。正所谓一方水土养一方人，幼儿成长免不了受到环境的熏陶，通过对环境体验的感知，逐渐形成相应的品格。小青蛙日托中心令人称道的体型来源于周围建筑文脉，并取得了巨大的突破。其独特的形式和对材料与色彩的运用给人带来了巨大的惊喜。

6.19 东京麻布圣心国际学校

6.19.1 项目信息

(1) 项目地点：东京，麻布(Shibuya Ward，Tokyo)。
(2) 建筑师：Tsuneyuki Okamoto-AteleirSNS。
(3) 建筑层数：2 层。
(4) 建筑面积：759.58m²。
(5) 建成时间：2010 年。

6.19.2 总体分析

位于东京麻布的圣心国际学校正在分期重修学校的各个建筑，这个美丽的白色临时建筑就是为这个约为 10 年的过渡时期修建的，用作小学以及幼儿园。"∞"在数学中的含义是无限的，在这里∞的墙象征着孩子们无限的潜力。交错的拱门象征着世界各地手牵手的儿童，其拱门的造型让孩子明白这个世界是没有国界的。

7 个房间围绕着一个开放的中心大厅。墙壁被设计成可以重复使用的储藏架。储藏架连同座椅都能在以后新建筑修好后继续使用。因为没有走廊，所以每个教室的颜色在大协调关系下又有所区别，让学生很容易找到他们的教室。天花板通过木质百叶隐藏空调系统。

学校的入口曲线就像是张开的双臂一样，欢迎前来的儿童，下层是幼儿园，上层是小学。向外挑出的屋顶可以防止风吹日晒，就像日本中部传统的"Engawa"，能有效节约能源。书桌和椅子被安装到墙上，这样孩子们可以使用沿墙的任何空间进行学习。墙壁形成的交错拱门造型让人在通过时有穿越隧道的感觉。隧道一侧是镜子，让你反思；另一侧是阳光，引导你走向光明的未来。

6.19.3 设计(建筑)图片

东京麻布圣心国际学校的设计(建筑)图片如图 6.228～图 6.235 所示。

图 6.228　幼儿园外观 1

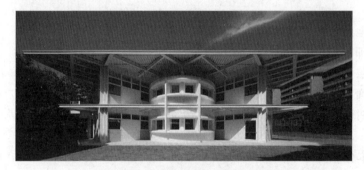

图 6.229　幼儿园外观 2

图 6.230　入口

图 6.231 室内交错的拱门

图 6.232 室内活动厅

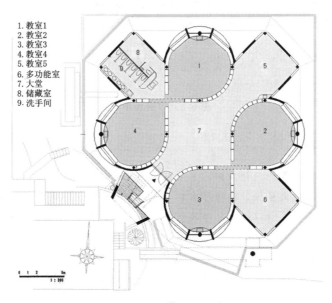

1.教室1
2.教室2
3.教室3
4.教室4
5.教室5
6.多功能室
7.大堂
8.储藏室
9.洗手间

图 6.233 首层平面图

10. 教室6
11. 教室7
12. 教室8
13. 教室9
14. 员工室
15. 阅览室
16. 大堂
17. 储藏室
18. 洗手间

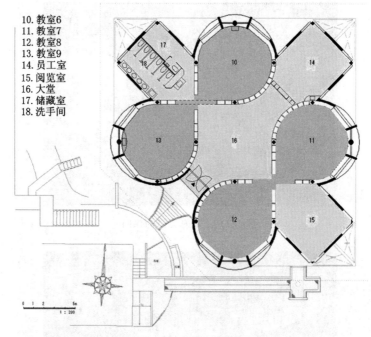

图 6.234　二层平面图

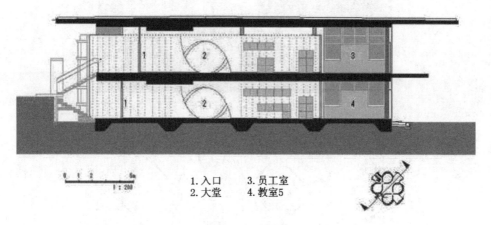

1. 入口　　3. 员工室
2. 大堂　　4. 教室5

图 6.235　剖面图

 本案例设计特点

这是一个充满日本元素的设计案例，主要从以下几点体现：

（1）出挑深远的双坡大屋檐，隐约可看到 Engawa 式的日本传统原生木住宅结构。

（2）因为是临时建筑，所以给建筑师的空间非常有限，建筑也被要求是灵活可变的。所以建筑师设计了一个临时的、紧凑的、高效的圆状建筑，用 7 个房间围绕一个大厅设计，里面的墙壁是可移动的，他们划分出了现在的教室空间，同时可以被轻松组合以及反复使用。高效紧凑的空间划分和使用，正是日本地少人多背景下的建筑智慧体现。

（3）素雅宁静的白色主导了整个建筑色彩。白色在日本被视为"清净、神圣"之色。这与日本传统的神道教相联系，白色在中日都有纯洁的意思，并且白色在日本没有任何负面意义，反而有吉祥的含义。因此，白色用于幼儿园建筑中也是日本特色的体现，象征了孩子的纯洁。

6.20 法国巴黎埃皮奈(Epinay)幼儿园

6.20.1 项目信息

（1）项目地点：法国埃皮奈苏塞纳尔(Epinay-sous-Senart)。
（2）建筑师：BP 建筑事务所(PLAN 01 成员之一)。
（3）建筑层数：2 层。
（4）建筑面积：1500m²。
（5）设计时间：2006 年。
（6）建成时间：2010 年。

6.20.2 总体分析

这家幼儿园坐落于巴黎附近的小镇埃皮奈苏塞纳尔，基地旁边是 20 世纪 70 年代的典型房产，由一些 5 层长条形楼房和 12 层小高层组成，都是些高大、厚重的矩形体量。这些基本上相同的建筑限制了周围公共开放空间的景观，开放空间看上去满眼都是抹灰混凝土砌块。最近该处房产在外表面得到翻新之后，尽管有点金玉其外的意思，但也呈现出一幅比较宁静的画面。

地面上栽种着一丛高大的松树，还有大片绿地顺着斜坡缓缓地延伸到 Yerres 河边，面向河对岸能眺望远处的乡村风光。项目共分为 5 个部门，都隶属于幼儿园，但是它们应该各具特色，也要求有各自的构造形式和入口。建筑师在对基地和项目进行对比研究后，得出了与相邻环境形成直接对比的设计方案。项目实际上变成了一群与主干道成直角的小型建筑单元，中间用植被隔开。

每个单元都覆盖着坡度随着室内功能不同而变化的镶板屋顶。脊梁的高度和由此得出的室内空间都与房间的重要性相关。项目的每个部门在室外都有与之毗邻的专属花园。

第一单元是婴儿部和公共设施。活动室扩大到遮阳平台上，这里是为促进儿童逐渐在心里形成对不同材质的认知而设计的。花园内有一部分原有的松树林。下雨的时候，孩子们可在室外带顶的区域活动。

第二单元是 3 个部门：LEAP(家长会议室)、RAM(儿童托管员房间)和家庭医疗部。家庭医疗部围绕着接待处和活动室这两个主要区域设置，后两者也扩大到了室外花园中。

第三单元为日托部。日托部位于整个项目靠河的一边，可眺望 Yerres 河对岸远处的景色。这里的三个部分平面设计相似：面向室外游戏区的朝南活动室，由彩色的天井带来光线；面向游戏区的午休室，享受着柔和的自然光线；一角的婴儿更衣室面对着其他所有区域；家长可直接从走道到达储藏室和衣帽间。

宽阔的走道与三个单元成直角，可到达不同的活动区和花园。这条走廊让人能从向公共开放的区域到达仅为儿童设立的最僻静的空间。

木材使用最精彩之处在于室内采用了硬纤维形木丝板，能确保获得最佳声学性能。它们随着屋顶坡度走，从而在房间内营造出类似山区小木屋的温暖氛围。

两侧的砌筑墙构成了单元的山墙，其高度根据背后的空间决定，因此形成钝角锯齿状的轮廓。它们围合出了游戏区域，使处于项目正中的人们能感受到内心的宁静。

6.20.3 设计(建筑)图片

法国巴黎埃皮奈的设计(建筑)图片如图 6.236～图 6.244 所示。

图 6.236 校园鸟瞰

图 6.237 幼儿园全景

图 6.238　局部立面

图 6.239　花园

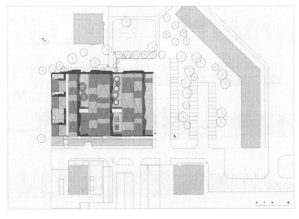

图 6.240　总平面图

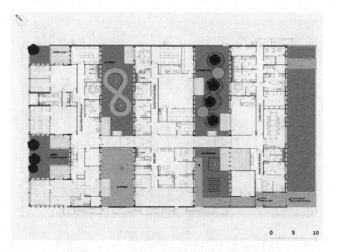

图 6.241 首层平面图

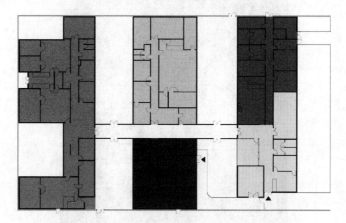

图 6.242 二层平面图

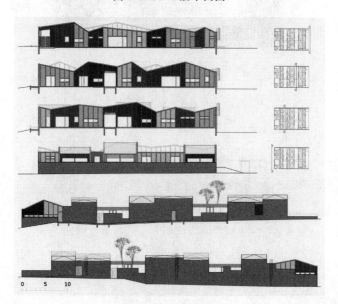

图 6.243 立面图

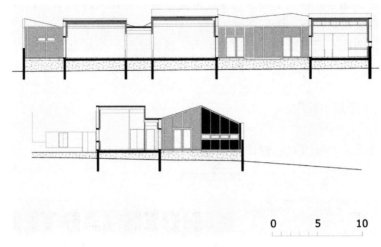

图 6.244　剖面图

 本案例设计特点

　　该幼儿园建筑最大的特点是其色彩鲜艳亮丽的表皮,以及高低起伏的屋面。设计师采用了与周边环境截然相反的方式去获得一种全新的视觉感受,给整个社区环境注入了一股生气,非常适合幼儿园的性质。此外,功能房与花园相间的简洁平面布局,围合出拥有良好内部景观的聚落环境。

6.21 南方六班幼儿园设计方案(学生作业)

6.21.1　项目信息

　　(1) 项目地点:中国广州。
　　(2) 学生:陈熹。
　　(3) 指导教师:赵阳,杨希文。
　　(4) 建筑层数:3层。
　　(5) 建筑面积:3000m²。
　　(6) 设计时间:2005年。

6.21.2　总体分析

　　这是某高校建筑学专业二年级的设计课题,幼儿园用地坐落于广州某居民小区之中,用地南侧为绿地,其余各方向均为六层住宅。用地被居住小区道路环绕。
　　整体布局上,该幼儿园方案采取北入口方式,将幼儿主要活动场地位布置于南侧,在视觉上与南侧绿地相连，扩大了场地意向。南侧布置幼儿班级活动单元，西侧为厨房和音体室，北侧为办公用房。

建筑以局部曲面和局部错落方式适应地形，整体感强，交通也十分便捷。

总体布局上，幼儿园主入口与后勤入口相距较近，为该方案的不足之处。

6.21.3　设计(建筑)图片

南方六班幼儿园设计方案的设计(建筑)图片如图 6.245～图 6.248 所示。

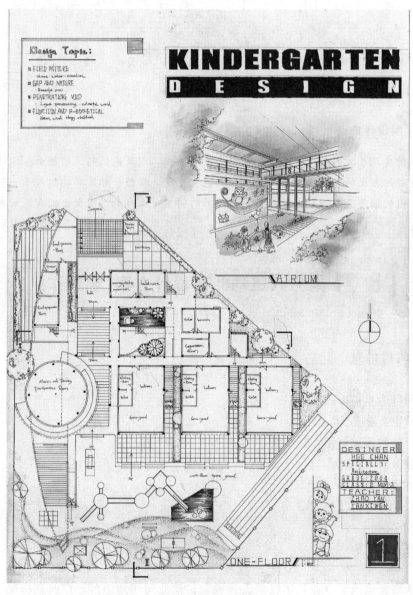

图 6.245　首层平面

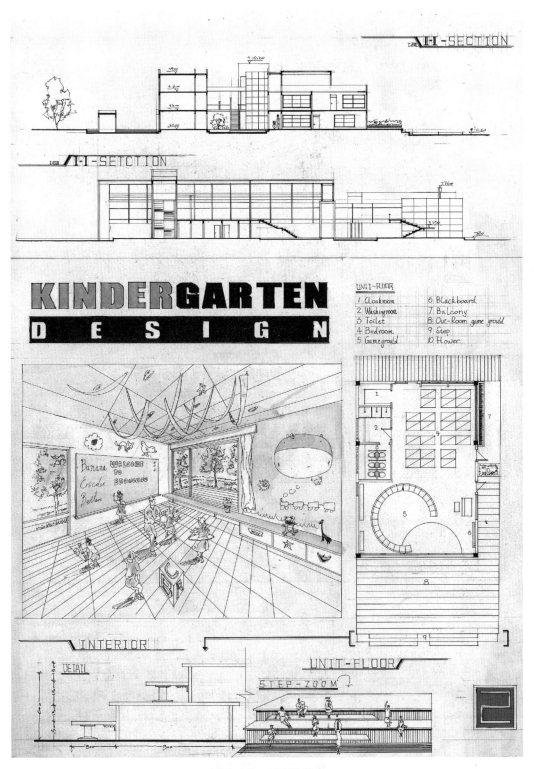

图 6.246　剖面及室内

AIRSCARE

KINDERGARTEN

DESIGN

ELEVATION-SE

ELEVATION-WN

图 6.247 透视及立面

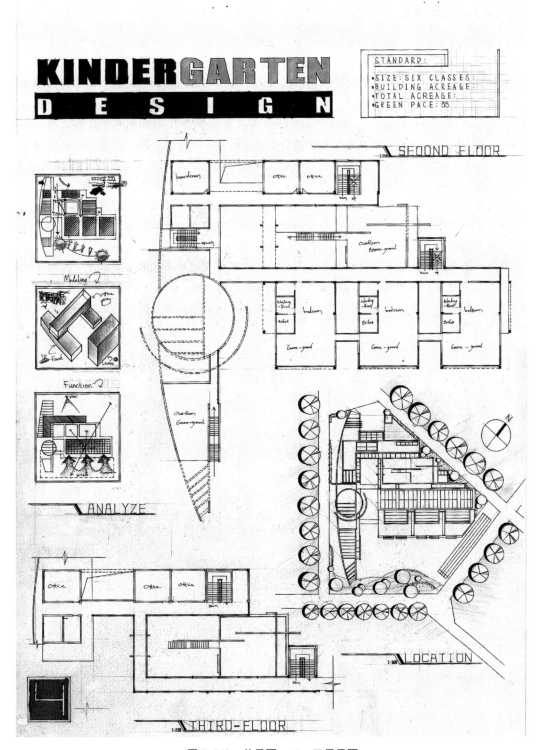

图 6.248　总平面，二、三层平面

本案例设计特点

　　该方案以看似自由的体块组合适应场地，但实际上内部空间具有较好的逻辑和秩序，空间布局丰富，形成了多个空间场所。

　　该方案借鉴了南方的家族大宅的空间布局方式，通过一条南北向的轴线空间序列组织各个功能用房，主轴线串接了入口空间、中庭大院落和南侧活动场地，主轴线向东延伸出两条副轴线，分别组织办公和教学用房。设计者在用地南向最宽处布置教学用房，争取最宽的南向面阔。通过加大进深的方式，在教学单元之间留出开放的巷道，使整个幼儿园通向南侧活动场有最便捷的通道，也增强了空气流动。整体来看，巷道和主、副轴线形成了整体建筑空间体系，并形成多处空间景观，在不规则的地块中自成一体。

　　在交通组织中，主轴线串接了幼儿园的主要空间。在中庭大院落中，空间向东侧延伸，一个大楼梯直接引导幼儿前往二层课室，空间的暗喻使得二层的交通组织格外顺畅。此外，纵横交错的轴线空间体系也使得幼儿园整体交通便捷。

　　建筑体量组织生动，很好地体现了幼儿园的建筑风格。通过局部架空、构架、片墙等方式进一步丰富了建筑与空间细节，使得空间形式兼具大气和细腻。

　　该幼儿园整体建筑和空间设计非常出色，作为二年级的学生设计作业，达到如此的空间布局水平实属难得。

参 考 文 献

[1] 黎志涛. 幼儿园建筑设计[M]. 北京：中国建筑工业出版社，2006.

[2] 黎志涛. 幼儿园建筑施工图设计[M]. 南京：东南大学出版社，2002.

[3] 付瑶，周然，等. 幼儿园建筑设计[M]. 北京：中国建筑工业出版社，2007.

[4] 刘宝仲. 托儿所幼儿园建筑设计[M]. 北京：中国建筑工业出版社，1988.

[5] 邓庆坦. 托儿所幼儿园建筑设计图说[M]. 济南：山东科学技术出版社，2006.

[6] [美]琼斯. 儿童空间设计[M]. 北京：高等教育出版社，2007.

[7] 《建筑设计资料集》编委会. 建筑设计资料集 3[M]. 2 版. 北京：中国建筑工业出版社，1994.

[8] 凤凰空间·北京. 七彩童年：世界当代幼儿园设计[M]. 南京：江苏人民出版社，2012.

[9] [西]阿森西奥. 世界幼儿园设计典例[M]. 刘培善，译. 北京：中国水利水电出版社，2003.

[10] 朱智贤. 儿童心理学[M]. 北京：人民教育出版社，1993.

[11] 陈帼眉. 幼儿心理学[M]. 北京：北京师范大学出版社，1999.

[12] CHING F D K. 建筑：形式、空间和秩序[M]. 刘丛红，译. 天津：天津大学出版社，2008.

[13] [美]保罗·拉索. 图解思考[M]. 3 版. 刘倍善，译. 北京：中国建筑工业出版社，2002.

[14] FANG A. Eden for Boys & Girls：Commercial Space，Children Museum，Children in Nature，Children's Clinic，Early Education for Kids [M]. Designerbooks，2012.

[15] 边颖. 建筑外立面设计[M]. 2 版. 北京：机械工业出版社，2012.

[16] 刘彦才. 建筑美学构图原理[M]. 北京：中国建筑工业出版社，2011.

[17] 王时原. 童眼看设计——幼儿园建筑[M]. 大连：大连理工大学电子音像出版社，2012.

[18] 周南. 小学校园规划与儿童行为发展之研究[J]. 建筑学报，1998(08)：57.

[19] 王方戟. 对话大舍——上海嘉定新城实验幼儿园的现场问答[J]. 时代建筑，2010(04)：128-136.

[20] 大舍. 上海青浦夏雨幼儿园[J]. 时代建筑，2005(03)：100-105.

[21] 杨文. 当前幼儿园环境创设存在的问题及解决对策[J]. 学前教育研究. 2011(7)：64-66.

[22] 苏扬. 视知觉理论下的幼儿园建筑设计[J]. 山西建筑，2010，36(17)：23-24.

[23] 丹麦创意幼儿园设计[EB/OL]. 一树山国际. http：//www. othdesign. com/show. asp？ID＝1201.

[24] 绘画教学与发展幼儿想象力浅析[EB/OL]. 育儿网. http：//www. ci123. com/article. php/13818.

[25] BERRIOZAR 幼稚园：是学园更是乐园[EB/OL]. 2013-02-28. http：//www. topys. cn/article/BERRIOZARyouzhiyuanshixueyuangengshileyuan-9132-1. html.

[26] GRASSO M，QUERNEC P. 自由的魔法气泡——萨尔格米讷幼儿园 [J]. 中国建筑装饰装修，2012(06)：62-67.

[27] MART J. Pio Baroja 幼儿园 [J]. 中国建筑装饰装修，2012(05)：146-149.

[28] PALATRE O，LECLERE T，BOEGLY L. 七色彩虹——巴黎 Pajol 幼儿园[J]. 中国建筑装饰装修，2012(05)：118-125.

[29] RAMSTAD R，BJФRNFLATEN T. 奥斯陆 Fagerborg 幼儿园[J]. 中国建筑装饰装修，2012(05)：182-189.

[30] YOSHIHIRO H，YUSAKU I，TAMOTSU K. "光之家"——长滨 Leimond 幼儿园[J]. 中国建筑装饰装修，2012(05)：94-101.

[31] 范伟，邹静. 幼儿园建筑表皮设计浅析[J]. 大众文艺，2012(01)：79-80.

[32] 郭晓明，孟庆涛. 幼儿园建筑设计研究[J]. 山西建筑，2012(18)：12-14.

［33］贺一行．彩虹幼儿园　巴黎 Ecole Maternelle Pajol 幼儿园［J］．室内设计与装修，2012（09）：120-125.

［34］金友云．园林植物配置理论与实践研究——以咸宁市市直机关幼儿园绿化为例［J］．科技信息，2011（36）：438.

［35］靳宝宇．浅谈幼儿园空间环境设计［J］．企业导报，2011（19）：276.

［36］赵晨梅．建筑行为心理学在幼儿园建筑设计中的运用［J］．山西建筑，2012（14）：20-22.

［37］赵丹．西班牙哈蒂瓦哈辛托卡斯塔涅达幼儿园及小学［J］．城市建筑，2012（02）：83-86.

［38］郑亚男．斯洛文尼亚的幼儿园［J］．建筑知识，2012（04）：52-57.

［39］陈捷频．幼教建筑环境设计研究［D］．南京：南京林业大学，2008.

［40］李伟．幼儿园室内外空间环境设计研究［D］．成都：西南交通大学，2009.

［41］孟成伟．幼儿园户外环境营造研究——以丽水市机关幼儿园为例［D］．杭州：浙江大学，2011.

［42］胡叔樵．幼儿园家具设计［J］．家具，1984（03）：12-13.

［43］TIMAYUI 幼儿园 BY GIANCARLO MAZZANTI［EB/OL］．http：//www.ideamsg.com/2013/11/childcare-facility-in-boulay.

［44］ARHIS architects：kindergarten in riga［EB/OL］．Designboom.http：//www.designboom.com/architecture/arhis-architects-kindergarten-in-riga/.2014.

［45］法国布雷的幼儿园 CHILDCARE FACILITY IN BOULAY BY PAUL LE QUERNEC ARCHITECTES［EB/OL］．灵感日报．http：//www.ideamsg.com/2013/11/childcare-facility-in-boulay/.2014.

［46］Ccdstudio：kindergarten barbapapà.Designboom.http：//www.designboom.com/readers/ccdstudio-kindergarten-barbapapa/.2014.

［47］The Farming Kindergarten Boasts a Rooftop Vegetable Garden Where Students Grow Their Own Food［EB/OL］.inhabitots.http：//www.inhabitots.com/the-farming-kindergarten-boasts-a-rooftop-vegetable-garden-where-students-grow-their-own-food/.2014.

［48］农场幼儿园（Farming Kindergarten）［EB/OL］．中国建筑学会．ttp：//www.chinaasc.org/html/zp/sj/04/2014/0413/100515.html.2014.

［49］Farming Kindergarten by Vo Trong Nghia Architects［EB/OL］.dezeen Magazine.http：//www.dezeen.com/2013/06/28/farming-kindergarten-by-vo-trong-nghia-architects/.2014.